(8) 完全微分方程式

$$P(x,y)dx + Q(x,y)dy = 0 \quad \left(\frac{\partial P}{\partial y} = \frac{\partial Q}{\partial x}\right) \text{が成り立つ場合}$$

$$\int_{x_0}^{x} P(x,y)dx + \int_{y_0}^{y} Q(x_0,y)dy = 0 \quad \text{または}$$

$$\int_{x_0}^{x} P(x,y_0)dx + \int_{y_0}^{y} Q(x,y)dy = 0$$

あるいは，以下の関係式を用いれば簡単になることも多い．

$$d(xy) = ydx + xdy, \qquad d(x^2 \pm y^2) = 2xdx \pm 2ydy$$

$$d\left(\frac{y}{x}\right) = \frac{xdy - ydx}{x^2}, \quad d\left(\frac{x}{y}\right) = \frac{ydx - xdy}{y^2}, \quad f(x)dx = d\left(\int f(x)dx\right)$$

(9) 積分因子

$\lambda P(x,y)dx + \lambda Q(x,y)dy = 0$ が完全微分方程式のとき λ を積分因子という

$$A = \frac{1}{Q}\left(\frac{\partial P}{\partial y} - \frac{\partial Q}{\partial x}\right) \quad \text{が } x \text{ のみの関数ならば} \quad \lambda = e^{\int Adx}$$

$$B = \frac{1}{P}\left(\frac{\partial P}{\partial y} - \frac{\partial Q}{\partial x}\right) \quad \text{が } y \text{ のみの関数ならば} \quad \lambda = e^{-\int Bdy}$$

(10) 非正規形その 1

$$x = f(y,p) \quad \left(p = \frac{dy}{dx}\right)$$

両辺を y で微分すれば正規形 $dp/dy = (1/p - f_y)/f_p$ になるのでこれを解いた式ともとの式から p を消去する．

(11) 非正規形その 2

$$y = f(x,p) \quad \left(p = \frac{dy}{dx}\right)$$

両辺を x で微分すれば正規形 $dp/dx = (p - f_x)/f_p$ になるのでこれを解いた式ともとの式から p を消去する．

特殊な場合として

$$y = xp + f(p) \quad \text{（クレローの微分方程式）}$$

は一般解 $y = Cx + f(C)$ と特異解 $x = -df/dp, \; y = pdf/dp + f(p)$ をもつ．

$$y = xg(p) + f(p) \quad \text{（ラグランジュの微分方程式）}$$

は両辺を x で微分すれば 1 階線形微分方程式になる．

ライブラリ数学ナビゲーション＝3

ナビゲーション
微分方程式

河村哲也　著

サイエンス社

サイエンス社のホームページのご案内
http://www.saiensu.co.jp
ご意見・ご要望は　rikei@saiensu.co.jp　まで．

まえがき

　本書は大学の初年級の理工学系の学生を対象とした，主に常微分方程式の解き方を習得するための，教科書ないし自習書です．自然現象はしばしば微分方程式を用いて記述されますが，それは一見したところ複雑に見える現象であっても細かく見れば比較的単純な法則から成り立っていることが多いからです．微分方程式を解くということは，微分方程式で記述された現象を目に見える形にすることであり，現象を予測したり，実際にものをつくったりする上で必須になります．それゆえ微分方程式を解くことは物理学や工学では非常に重要な意味を持ち，大学の理工学系の数学では必ず習う科目になっています．

　本書を読めばわかりますが，普通の意味での解（初等関数を含んだ式の形での解）が求まる微分方程式はそれほど多くありません．しかもそのような方程式は特有の形をもっており，解き方も決まっています．そこで，本書では特に実用上重要な1階と2階の微分方程式を中心に，解けるパターンをなるべく多くあげて，解き方を習熟することに最大の目標をおいています．一方，解けない方程式であっても，それは必ずしも解がないという意味ではなく，よく知っている関数では表せないだけのこともあります．本書ではそのような場合に対して，級数解法や近似解法等についても簡単にふれています．

　微分方程式の本は，解き方を中心にした本に限っても多く出版されていますが，本書を執筆するにあたり

読みやすく平易な本

になるように最大限の努力を払いました．すなわち読み物ふうにすらすら読めるように記述することを心がけ，例題の選択や項目の順序にも気を配りました．本書を読むにあたって大学初年級の微分積分学の最低限の知識を仮定していますが，不定積分の計算にある程度慣れていれば困難なく読めると思います．

まえがき

　本書によって読者のみなさんが微分方程式の解き方の基礎が理解でき，さらに高度な内容にすすまれるきっかけになることを願ってやみません．

　最後に，式のチェックを含むめんどうな校正はお茶の水女子大学大学院人間文化創成科学研究科理学専攻の大野布美子さんと中村陽子さんの手を煩わせたこと，また本書の出版にあたりサイエンス社の田島伸彦部長，編集部の渡辺はるかさんに大変お世話になったことを記して感謝の意といたします．

2007 年 7 月

河村哲也

目 次

第1章 微分方程式の基礎 — 1
- 1.1 実在現象と微分方程式 2
- 1.2 種々の微分方程式 6
- 1.3 微分方程式の近似解法 12
- 第1章の演習問題 18

第2章 基本的な1階微分方程式 — 19
- 2.1 積 分 形 20
- 2.2 変 数 分 離 形 21
- 2.3 同 次 形 23
- 2.4 1階線形微分方程式 30
- 第2章の演習問題 38

第3章 特殊な1階微分方程式 — 39
- 3.1 完全微分方程式 40
- 3.2 積 分 因 子 48
- 3.3 非 正 規 形 54
- 第3章の演習問題 61

第4章 特殊な2階微分方程式 — 63
- 4.1 1階微分方程式に帰着できる場合 . . 64
- 4.2 定数係数2階線形同次微分方程式 . . 73
- 4.3 定数係数2階線形微分方程式 78
- 第4章の演習問題 84

第5章　2階線形微分方程式と級数解法 ──── 85
- 5.1　2階線形微分方程式 86
- 5.2　級数解法の例 92
- 5.3　2階線形微分方程式の級数解法 97
- 第5章の演習問題 104

第6章　演算子と記号法 ──── 105
- 6.1　微分演算子 106
- 6.2　定数係数線形同次微分方程式 111
- 6.3　逆演算子 116
- 6.4　定数係数線形非同次微分方程式 120
- 6.5　定数係数線形連立微分方程式 126
- 第6章の演習問題 129

付録A　高階微分方程式・連立微分方程式 ──── 131
- A.1　特殊な形の高階微分方程式 132
- A.2　連立微分方程式 140
- A.3　ラグランジュの偏微分方程式 143
- A.4　全微分方程式の拡張 145
- A.5　1階偏微分方程式の完全解 147

付録B　ラプラス変換による常微分方程式の解法 ──── 151
- B.1　ラプラス変換とその性質 152
- B.2　ラプラス逆変換 156
- B.3　定数係数常微分方程式の初期値問題 159

付録C　熱伝導方程式とフーリエ級数 ──── 163
- C.1　熱伝導方程式と変数分離法 164
- C.2　フーリエ級数 168

略 解	176
索 引	187

第1章

微分方程式の基礎

　未知の関数の導関数を含んだ方程式を微分方程式といいます．微分方程式は自然現象や工学現象を記述する場合にしばしば登場します．本章では，微分方程式への導入として，まず簡単な現象を微分方程式で表します．次に微分方程式の種類や用語について述べます．そして微分方程式を解くことの意味を，近似解法を用いて説明します．

本章の内容

実在現象と微分方程式
種々の微分方程式
微分方程式の近似解法

1.1 実在現象と微分方程式

実在現象を数学的に記述する場合に**微分方程式**がしばしば現れます．本節では簡単な微分方程式を，生物学と物理学の現象を例にとって導いてみます．これらの例には解を結果として与えてありますが，実際の解の求め方についてはごく単純な場合には次節で，また詳しくは第2章以降で述べることにします．

生物の増加　ある生物種があって現在の個体数をもとに長時間後の個体数を予測することを考えます．生物の個体数 n は時間 t の関数 $n(t)$ と考えられますが，

$$n(t+\Delta t) - n(t)$$

は時間 Δt 間の増加（増殖）であり，それを Δt で割った

$$\frac{n(t+\Delta t) - n(t)}{\Delta t} \tag{1.1}$$

は個体数の**増加率**です．この増加率は一定ではなく生物が増えるにつれて大きくなると考えられます．なぜなら，個体数が増えると生物どうしが出会う機会も増えるからです．そこで，1つのモデルとして増加率が個体数に比例するとします．比例定数を a とすれば，このモデルは式 (1.1) から

$$\frac{n(t+\Delta t) - n(t)}{\Delta t} = an(t) \tag{1.2}$$

となります．さらに，この式が $\Delta t \to 0$ の極限でも成り立つとすれば，導関数の定義から，導関数を含んだ関係式

$$\frac{dn}{dt} = an \tag{1.3}$$

が得られます．この関係式を関数 $n(t)$ を決めるための方程式とみなしたとき，微分方程式とよびます．そして微分方程式を満たす関数を微分方程式の解，微分方程式から未知の関数 $n(t)$ を求める操作を微分方程式を解くといいます．

生物種にはもちろん人も含まれます．経済学者マルサスは人口の増加についても式 (1.3) が成り立つと考えました．これを**マルサス (Malthus) の法則**といいます．

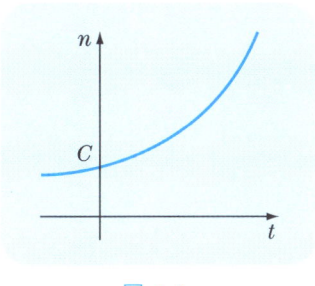

図 1.1

微分方程式 (1.3) は C を任意の定数として

$$n(t) = Ce^{at} \tag{1.4}$$

という解をもつことは式 (1.4) を式 (1.3) に代入することで確かめられます．なお，C の値はたとえば $t=0$ のときの個体数（人口）を指定すれば決まります．このように**任意定数**を特定の値にした解を**特解**といいます．解 (1.4) の形からマルサスの法則は個体数（人口）が指数関数的に増大することを示しています（図 1.1）．

問 1.1 式 (1.4) が式 (1.3) を満足することを示しなさい．また $t=0$ のとき $n=n_0$ である解を求めなさい．

一方，生物の個体数が増えてくると栄養が不足して増殖の割合が減り，個体数はマルサスの法則からずれてくると考えられます．人口の場合も同様であり，ある量の食糧で養える人数は限られるため，人間がある程度多くなると人口の増加率は減少します．そこで1つの簡単なモデルとして，増加率が $a-bn$ というように n の増加とともに直線的に減ると仮定してみます．ただし，a と b は正の定数です．このとき，もとの微分方程式は

$$\frac{dn}{dt} = (a-bn)n \tag{1.5}$$

と修正されます．この微分方程式は C を任意定数として

$$n(t) = \frac{a}{b}\frac{1}{1+Ce^{-at}} \tag{1.6}$$

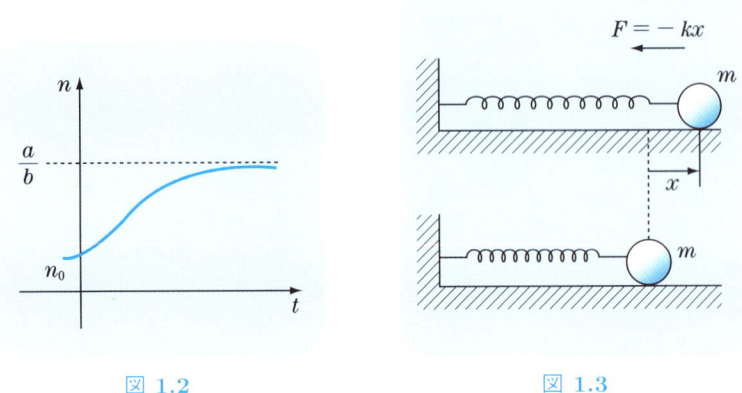

図 1.2　　　　　　　　図 1.3

という解をもつことが式 (1.6) を式 (1.5) に代入することで確かめられます．なお，この解は $t \to \infty$ のとき一定値 a/b をとります．すなわち，この人口増加のモデルでは最終的には人口が一定値に落ち着くことを示しています．図 1.2 は式 (1.6) のおおよそのグラフです．

問 1.2　式 (1.6) が式 (1.5) を満足することを示しなさい．また $t = 0$ のとき $n = n_0$ である解を求めなさい．

ばねに取り付けられた質点の運動　質点の運動は質点の**位置** x や**速度** v によって記述されますが，これらは時間の関数です．すなわち，この場合も前の例と同じく独立変数は時間 t になります．そして速度は位置の時間変化であり，質点の位置を時間で微分したもの dx/dt です．さらに**加速度**は速度の時間変化で，速度を時間で微分した dv/dt であり，位置に関して加速度を表すと位置を時間で 2 回微分した d^2x/dt^2 になります．

さて，ばねに質量 m のおもりをつけて水平面上を振動させたとします（上の図 1.3）．おもりと面の間に摩擦がないとすれば，質点にはばねの復元力だけが働きます．一方，ばねの平衡位置からのずれを x とすれば，**フックの法則**からばねに働く復元力は $F = -kx$ と書けます．ここで k はばね定数とよばれ，ばねの強さで決まる定数です．このときニュートンの運動方程式，すなわち

$$(\text{質量}) \times (\text{加速度}) = (\text{力})$$

は

$$m\frac{d^2x}{dt^2} = -kx \tag{1.7}$$

という2階微分を含んだ方程式になります.

ばねの運動は周期的なので三角関数の形の解をもつのではないかと予想されます. そこで式 (1.7) の解として A, α, ω を定数として

$$x = A\cos(\omega t + \alpha)$$

という解を仮定し, 式 (1.7) に代入してみます. このとき,

$$-m\omega^2 A\cos(\omega t + \alpha) = -kA\cos(\omega t + \alpha)$$

になるため,

$$\omega = \sqrt{\frac{k}{m}} \tag{1.8}$$

であれば A と α の値いかんにかかわらず方程式を満足します. したがって, 式 (1.7) の解は

$$x = A\cos\left(\sqrt{\frac{k}{m}}\,t + \alpha\right) \tag{1.9}$$

で与えられます.

任意の値をとる定数 A と α の値を1通りに定めるためには, 2つの条件を課します. たとえば $t = 0$ において $x = l, dx/dt = 0$ という条件[†]を課した場合, 式 (1.9) に $t = 0$ を代入すれば 左辺 $= l$ より $A = l/\cos\alpha$ になります. また

$$\frac{dx}{dt} = -A\sqrt{\frac{k}{m}}\sin\left(\sqrt{\frac{k}{m}}\,t + \alpha\right)$$

であるため, $t = 0$ を代入すれば 左辺 $= 0$ より $\sin\alpha = 0$ すなわち $\alpha = 0$ になります. したがって, $A = l/\cos 0 = l$ であり, 条件を満足する解は

$$x = l\cos\sqrt{\frac{k}{m}}\,t$$

であることがわかります.

[†] ばねを l だけ伸ばして静止させた状態に対応します.

1.2 種々の微分方程式

前節ですでに 2, 3 の例をあげましたが，微分方程式とは未知の関数の導関数を含んだ方程式のことで，微分方程式から未知関数を求めることを微分方程式を解くといいます．

微分方程式の用語についてもう少し詳しく述べます．独立変数 x の関数 $y(x)$ およびその導関数

$$\frac{dy}{dx}, \quad \frac{d^2y}{dx^2}, \quad \cdots, \quad \frac{d^n y}{dx^n}$$

の間に関係式

$$F\left(x, y, \frac{dy}{dx}, \frac{d^2y}{dx^2}, \cdots, \frac{d^n y}{dx^n}\right) = 0 \tag{1.10}$$

があるとします．なお，具体例はすぐ後にあげます．この関係式を関数 $y(x)$ を決める方程式とみなしたとき微分方程式といいます．そして，式 (1.10) に含まれる最高階の微分係数の階数を微分方程式の階数とよびます．したがって，式 (1.10) は階数 n の微分方程式であり **n 階微分方程式**といいます．微分方程式 (1.10) が最高階の微分係数について解かれた形をしているとき，すなわち

$$\frac{d^n y}{dx^n} = f\left(x, y, \frac{dy}{dx}, \frac{d^2y}{dx^2}, \cdots, \frac{d^{n-1}y}{dx^{n-1}}\right) \tag{1.11}$$

という形をしているとき**正規形**といいます．また，必ずしも式 (1.11) の形ではなくても，式 (1.11) の形に簡単になおせるような微分方程式も正規形といえます．正規形でない微分方程式を**非正規形**とよんでいます．微分方程式が未知関数 $y(x)$ およびその導関数について 1 次式の場合を**線形**，線形でない場合を**非線形**とよびます．

微分方程式を満足する関数をその方程式の解といい，解を求めることをその微分方程式を解く，あるいは積分 (求積) するといいます．

以下の 4 つの微分方程式を例にとります：

$$\frac{dy}{dx} = 3y - 4y^2 \tag{1.12}$$

$$x^2 \frac{d^2y}{dx^2} + x\frac{dy}{dx} + (x^2 - 1)y = 0 \tag{1.13}$$

$$\frac{d^3y}{dx^3} + y\frac{d^2y}{dx^2} = 0 \tag{1.14}$$

$$y \log\left(\frac{dy}{dx}\right) = x\frac{dy}{dx} \tag{1.15}$$

このうち式 (1.12) と式 (1.15) は最高階の微係数が 1 階なので 1 階微分方程式であり，式 (1.13) と式 (1.14) はそれぞれ 2 階微分方程式と 3 階微分方程式です．線形の微分方程式は式 (1.13) だけで，それ以外は非線形です．なぜなら，未知関数 y について線形でない項（$y^2, y d^2y/dx^2, y \log(dy/dx)$）が方程式にあるからです．また，式 (1.12) は形の上から正規形ですが，式 (1.13) と式 (1.14) も簡単に正規形に直せるため正規形とみなせます．一方，式 (1.15) は非正規形になります．

連立微分方程式　式 (1.10), (1.11) は未知関数（従属変数）が 1 つですが，未知関数が複数個の場合もあります．一般に，未知関数が複数個ある場合，微分方程式も未知関数と同じ個数必要で，それらを連立させて解くことになります．このような微分方程式を**連立微分方程式**とよんでいます．たとえば

$$\begin{cases} \dfrac{dy}{dx} = 3y - 4z \\ \dfrac{dz}{dx} = 3z - 2y \end{cases} \tag{1.16}$$

は連立微分方程式です．

さらに独立変数が x だけではなく複数個ある場合も考えられます．そのような場合には，微分方程式には偏微分が含まれるため，**偏微分方程式**とよんでいます．偏微分方程式の階数とは，その方程式に含まれている最高階の偏導関数の階数を指します．たとえば，$u(x,y)$ を未知関数として

$$\frac{\partial^2 u}{\partial x^2} + \frac{\partial^2 u}{\partial y^2} = 0 \tag{1.17}$$

は 2 階の偏微分方程式，$u(x,y), v(x,y)$ を未知関数として

$$\begin{cases} \dfrac{\partial u}{\partial x} + \dfrac{\partial v}{\partial y} = 0 \\ \dfrac{\partial u}{\partial y} - \dfrac{\partial v}{\partial x} = 0 \end{cases} \tag{1.18}$$

は,1階の連立偏微分方程式です.

　偏微分方程式に対して,式 (1.10), (1.11) のように独立変数が 1 つの場合であることを特に強調したいときには,その微分方程式を**常微分方程式**といいます.しかし本書では主として常微分方程式を取り扱うため,特に断らない限り,微分方程式といった場合は常微分方程式を指すものとします.

1 階微分方程式の解の例　微分方程式の簡単な例として 1 階微分方程式

$$\frac{dy}{dx} = x \tag{1.19}$$

を取り上げます.右辺は x のみの関数なので,両辺を x で積分することができてその結果,

$$y\left(= \int \frac{dy}{dx} dx\right) = \int x\, dx$$

すなわち,

$$y = \frac{1}{2}x^2 + C$$

となります.ここで,C は定数で任意の値をとってよく,任意定数とよばれます.実際,C が定数であれば,どのような値であっても微分すれば 0 になるため,上式を微分すればもとの微分方程式にもどります.今後,特に断らない限り任意定数を表すのに,A, B, C やそれらに下添字のついた C_1, C_2 などを用いることにします.

2 階微分方程式の解の例　次に 2 階微分方程式の簡単な例として

$$\frac{d^2y}{dx^2} = x \tag{1.20}$$

を考えます.この式を 1 回積分すると

$$\frac{dy}{dx}\left(=\int \frac{d^2y}{dx^2}dx\right) = \int x\,dx = \frac{1}{2}x^2 + C_1$$

となり，もう 1 回積分すると

$$y = \int \left(\frac{1}{2}x^2 + C_1\right) dx = \frac{1}{6}x^3 + C_1 x + C_2$$

となります．この式がもとの微分方程式を満足することは 2 回微分すれば確かめられます．

このように 1 階微分方程式では 1 つの任意定数を含んだ解が得られ，2 階微分方程式では 2 つの任意定数を含んだ解が得られます．一般に n 階微分方程式の解で n 個の任意定数を含んだものを**一般解**とよんでいます．一方，任意定数にある特定の値を代入して得られる解を**特殊解**または**特解**とよびます．たとえば

$$y = \frac{1}{6}x^3 + 1$$

は方程式 (1.20) の解で $C_1 = 0, C_2 = 1$ を代入して得られるため，方程式 (1.20) の特解になっています．

問 1.3 不定積分することにより次の微分方程式の一般解を求めなさい．

(1) $\dfrac{dy}{dx} = \dfrac{1}{x}$ 　(2) $\dfrac{d^2y}{dx^2} = \cos x$

非正規形の 1 階微分方程式の解の例　　次の微分方程式

$$y = x\frac{dy}{dx} + \frac{1}{2}\left(\frac{dy}{dx}\right)^2 \tag{1.21}$$

を例にとります．この方程式の一般解は，

$$y = Cx + \frac{C^2}{2} \tag{1.22}$$

で与えられます．実際，式 (1.22) を x で微分すれば

$$\frac{dy}{dx} = C$$

となりますが，これを式 (1.21) に代入すれば，式 (1.22) と一致するため，解であることが確かめられます．一方，

$$y = -\frac{1}{2}x^2 \tag{1.23}$$

も微分方程式の 1 つの解になっています．このことは，式 (1.23) を x で微分して得られる

$$\frac{dy}{dx} = -x$$

を式 (1.21) に代入することで確かめられます．解 (1.23) は任意定数を含んでおらず，しかも一般解 (1.22) の任意定数にいかなる値を代入しても得られないため特解とはいえません．このような解のことを**特異解**とよんでいます．

偏微分方程式の解の例　$u(x, y)$ を未知関数として

$$\frac{\partial u}{\partial x} = x \tag{1.24}$$

という偏微分方程式を考えます．式 (1.24) を x で積分すると，

$$u(x, y) = \frac{1}{2}x^2 + f(y) \tag{1.25}$$

になります．方程式 (1.19) の解と異なる点は，任意定数 C のかわりに $f(y)$ という y の関数が入っていることです．これは，$f(y)$ を x で偏微分した場合に 0 になるため，式 (1.25) は方程式 (1.24) を満足するからです．$f(y)$ は（x を含まない限り）y のどのような関数であってもよいため**任意関数**といいますが，偏微分方程式の解にはこのように任意関数が含まれます．

以下の例に示すように，任意定数を含んだ関係式がある場合に，任意定数を消去することによりその関係式を満足する微分方程式が得られます．

微分方程式の導出　任意定数を含んだ以下の関係式を例にとります：

(1)　$y = Ce^{x/C}$　　(2)　$y = C_1 e^{2x} + C_2 x$

(1) については，x で 1 回微分すれば

$$\frac{dy}{dx} = C\frac{1}{C}e^{x/C} = e^{x/C}$$

となります．したがって

$$\frac{x}{C} = \log\left(\frac{dy}{dx}\right)$$

であり，この関係から C を求めてもとの式に代入すれば1階微分方程式

$$y \log\left(\frac{dy}{dx}\right) = x \frac{dy}{dx} \tag{1.26}$$

が得られます．

(2) については，x で1回微分すれば

$$y' = 2C_1 e^{2x} + C_2 \tag{1.27}$$

となり，さらに x でもう1回微分すれば

$$y'' = 4C_1 e^{2x}$$

が得られます．この式から

$$C_1 = \frac{y''}{4e^{2x}} \tag{1.28}$$

となるため，式 (1.27) に代入して

$$C_2 = y' - 2C_1 e^{2x} = y' - \frac{y''}{2}$$

が得られます．この C_1, C_2 をもとの関係式に代入すれば

$$y = \frac{y''}{4e^{2x}} \times e^{2x} + \left(y' - \frac{y''}{2}\right) \times x$$

となり，整理すれば2階微分方程式

$$\left(\frac{1}{4} - \frac{x}{2}\right)\frac{d^2 y}{dx^2} + x \frac{dy}{dx} - y = 0 \tag{1.29}$$

が得られます．

問 1.4 次の関係式から任意定数を消去して関数 y が満たす微分方程式を求めなさい．
(1) $y^2 = 4Cx$
(2) $y = C_1 e^{2x} + C_2 e^{-x}$

1.3 微分方程式の近似解法

本書の主な目的は微分方程式の解を不定積分を応用して関数の形で表すことであり，第 2～4 章で 1 階微分方程式と 2 階微分方程式に対して詳しく述べます．このような方法を**求積法**とよんでいます．しかし，実際に求積法で解が求まるのは特殊な形をした微分方程式に限られます．一方，微分方程式を解くことは実用上重要であり，たとえ求積法で解が求まらなくても近似的に解を求めることが多くあります．このような方法の原理は多くの場合単純であり，求積法のようなテクニックは不必要です．また微分方程式の理解にも役立ちます．そこで，求積法の議論を行う前に本節で簡単な近似解法をいくつか紹介しておきます．

(a) 微分方程式の幾何学的な意味と図式解法

はじめに正規形の 1 階微分方程式

$$\frac{dy}{dx} = f(x, y) \tag{1.30}$$

の幾何学的な意味を考えてみます．

まず，dy/dx は曲線 $y = y(x)$ 上の点 $(x, y(x))$ における**接線**の傾きを表します（図 1.4）．微分方程式 (1.30) が与えられた場合，微分方程式を解くということは $y = y(x)$ の関数形を定めるということですが，これは幾何学的にいえば xy 平面上で曲線を決めることに対応します．一方，$f(x, y)$ が与えられているため，xy 平面上の各点において関数 $f(x, y)$ の値が計算できます．このことは，方程式 (1.30) の右辺の値が数値で与えられているということなので，xy 平面の各点において解が未知であってもその解が表す曲線の接線の傾きは既知になります．そこで，まず xy 平面上のある点 (x, y) において，その点を通って傾きが $f(x, y)$ であるような短い線分を描いてみます．次にその線分の端点の座標から $f(x, y)$ を計算して，また短い線分を描きます．このようなことを続けていけば，図 1.5 に示すような折れ線ができます．それが解を表す曲線（**等傾線**）の近似になっています．

出発点を変化させれば別の曲線が得られることからもわかるように，このような手続きによって，一般に多くの曲線群が得られるため，曲線は 1 通りには

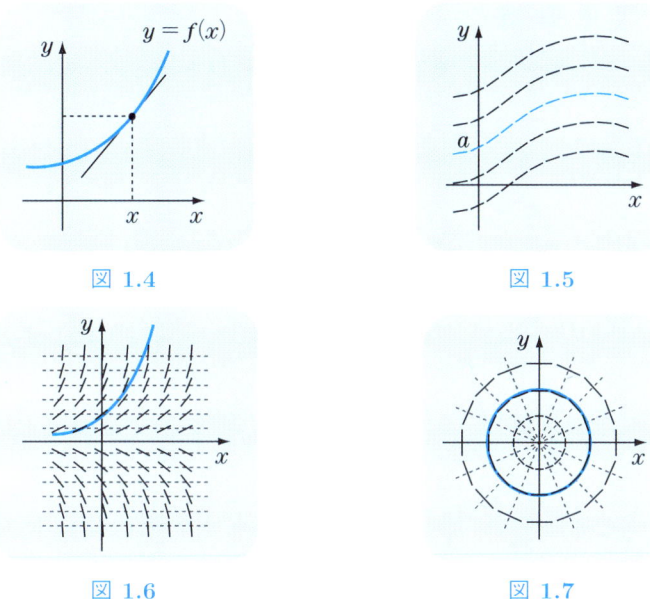

図 1.4　　　　　　　　　　　　図 1.5

図 1.6　　　　　　　　　　　　図 1.7

決まりません．このことは，1 階微分方程式の一般解に任意定数が含まれることに対応しています．逆に曲線が通過する xy 平面上の 1 点を指定しさえすれば曲線を 1 通りに決めることができます．たとえば 図 1.5 では $x = 0$ のとき $y = a$ という条件を満足する曲線を青い線で描いています．このようにして決められた曲線が特解を表します．

以上のことから図を使って微分方程式の解を表す曲線が得られますが，この方法を**図式解法**とよびます．

例題 1.1　次の微分方程式を，図を用いて解きなさい．

(1) $\dfrac{dy}{dx} = y$　　(2) $\dfrac{dy}{dx} = -\dfrac{x}{y}$

【解】　(1) については，x 軸に平行な直線 $(y = C)$ 上で y' の値が一定であることから 図 1.6 に示すようになります．

(2) については直線 $y = mx$ 上の点で解を表す曲線の接線の傾きがどうなるかを調べてみます．$y = mx$ を右辺に代入すると $dy/dx = -1/m$ になりますが，この傾きの線分は $y = mx$ と直交しています．したがって，解を表す曲線は 図 1.7 に示すように原点を中心とした同心円群になります．　　□

(b) 逐次近似法

本項では，1階常微分方程式

$$\frac{dy}{dx} = f(x, y) \tag{1.31}$$

を条件

$$x = x_0 \quad \text{のとき} \quad y = y_0 \tag{1.32}$$

のもとで解くことを考えます．式 (1.31) の両辺を区間 $[x_0, x]$（したがって，y については区間 $[y_0, y]$）で形式的に積分すれば

$$\int_{x_0}^{x} \frac{dy}{dx} dx = \int_{x_0}^{x} f(x, y) dx \tag{1.33}$$

となります．このとき，左辺は

$$\int_{x_0}^{x} \frac{dy}{dx} dx = \int_{y_0}^{y} dy = [y]_{y_0}^{y} = y - y_0$$

のように積分できるため，式 (1.33) は

$$y = y_0 + \int_{x_0}^{x} f(x, y) dx \tag{1.34}$$

と書けます．ただし，式 (1.34) の右辺に現れる積分の被積分関数 $f(x,y)$ には未知関数 y を含んでいるためこのままでは積分できません．

そこで，厳密な解を求めることはあきらめて，式 (1.34) を利用して近似解を求めることにします．そのために，式 (1.34) において被積分関数 $f(x,y)$ の y を定数 y_0 でおきかえた $f(x, y_0)$ を使うことにします．そうすれば，右辺は x のみの関数になるため積分できます．その結果，厳密解ではありませんがそれに近い近似解 $y_1(x)$ が次のように求まります：

$$y_1 = y_0 + \int_{x_0}^{x} f(x, y_0) dx$$

これを第 1 近似とします．次に，$y_1(x)$ を式 (1.34) の右辺に代入した結果を $y_2(x)$ と記せば

$$y_2 = y_0 + \int_{x_0}^{x} f(x, y_1) dx$$

となります．$y_2(x)$ も厳密解ではありませんが，$y_1(x)$ に比べてよりよい近似になっていると考えられます．以下同様に

$$y_3 = y_0 + \int_{x_0}^{x} f(x, y_2) dx$$

$$\cdots$$

のように続けると

$$y_n = y_0 + \int_{x_0}^{x} f(x, y_{n-1}) dx \quad (n = 1, 2, \cdots) \tag{1.35}$$

という近似関数の列ができます．もしこの関数の列が任意の区間で一様収束して，極限関数 $y_\infty(x)$ をもつならば

$$y_\infty = y_0 + \int_{x_0}^{x} f(x, y_\infty) dx$$

となるため，方程式 (1.34) を満足することがわかります．このように関数列 (1.35) により微分方程式 (1.31) の初期値 (1.32) を満足する解を求める方法を**逐次近似法**とよんでいます．

例題 1.2 微分方程式

$$\frac{dy}{dx} = y$$

の解を逐次近似法で求めなさい．ただし，$x=0$ のとき $y=1$ とします．

【解】 式 (1.34) は

$$y = 1 + \int_0^x y\, dx$$

となります．$y_0 = 1$ であるので

$$y_1 = 1 + \int_0^x y_0 dx = 1 + \int_0^x 1 dx = 1 + x$$
$$y_2 = 1 + \int_0^x y_1 dx = 1 + \int_0^x (1+x) dx = 1 + x + \frac{1}{2!} x^2$$
$$y_3 = 1 + \int_0^x y_2 dx = 1 + \int_0^x \left(1 + x + \frac{1}{2} x^2\right) dx = 1 + x + \frac{1}{2!} x^2 + \frac{1}{3!} x^3$$

$$\cdots$$
$$y_n = 1 + x + \frac{1}{2!}x^2 + \frac{1}{3!}x^3 + \cdots + \frac{1}{n!}x^n$$
となります．$n \to \infty$ とすれば
$$y = 1 + x + \frac{1}{2!}x^2 + \frac{1}{3!}x^3 + \cdots + \frac{1}{n!}x^n + \cdots = e^x$$
が得られます．ただし，e^x のマクローリン展開を用いました．□

(c) 数 値 解 法

微分の定義は
$$\frac{dy}{dx} = \lim_{h \to 0} \frac{y(x+h) - y(x)}{h} \tag{1.36}$$
です．ここで h が十分に小さいとして式 (1.36) の右辺を，極限をとる前の
$$\frac{y(x+h) - y(x)}{h} = \frac{y(x+h) - y(x)}{(x+h) - x} \tag{1.37}$$

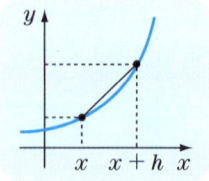

図 1.8

でおきかえてみます．これは曲線 $y = y(x)$ 上の 2 点 $(x, y(x)), (x+h, y(x+h))$ を直線で結んだときの直線の傾きを表します（図 1.8）．したがって，式 (1.37) は本来は接線の傾きを表す dy/dx を近くの 2 点を通る直線の傾きで近似した式です．微分方程式 (1.31) の左辺を式 (1.37) で置き換えた場合には分母をはらうことができて
$$y(x+h) = y(x) + hf(x, y(x)) \tag{1.38}$$
になります．この式は $y(x)$ の値から，$y(x+h)$ の値を計算する式とみなせます．一方，$y(0)$ の値は初期条件として与えられています．そこで式 (1.38) を繰り返して使えば
$$y(h)(= y(0+h)) = y(0) + hf(0, y(0))$$
$$y(2h)(= y(h+h)) = y(h) + hf(h, y(h))$$
$$y(3h)(= y(2h+h)) = y(2h) + hf(2h, y(2h))$$
$$\cdots$$

のように $y(h) \to y(2h) \to y(3h) \to \cdots$ の順に h 刻みに $y(x)$ の値を数値で求めることができます．この方法，すなわち微分方程式に現れる dy/dx を式 (1.37) で近似する方法を**オイラー法**といいます．

例題 1.3　次の微分方程式の $x = 0$ での条件を満足する解をオイラー法を用いて近似的に求めなさい．
$$\frac{dy}{dx} = y, \quad y(0) = 1$$

【解】オイラー法を用いて微分方程式を近似すると
$$\frac{y(x+h) - y(x)}{h} = y(x)$$
すなわち
$$y(x+h) = y(x) + hy(x) = (1+h)y(x)$$
となります．この式を用いれば
$$y(h) = (1+h)y(0) = 1+h$$
$$y(2h) = (1+h)y(h) = (1+h)(1+h) = (1+h)^2$$
$$y(3h) = (1+h)y(2h) = (1+h)(1+h)^2 = (1+h)^3$$
$$\cdots$$
というように続けることができて，一般に
$$y(nh) = (1+h)^n$$
になることがわかります．これが近似解です．

この式で $nh = X$ とおけば，オイラー法で求めたもとの方程式の近似解は
$$y(X) = \left(1 + \frac{X}{n}\right)^n \tag{1.39}$$
と書けます．一方，厳密解は
$$u(X) = e^X \tag{1.40}$$
です（式 (1.4) または例題 1.2 参照）．ここで式 (1.39) の間隔 $h = X/n$ を限りなく小さくしてみます．このとき，$X/n \to 0$ より $n \to \infty$ となりますが，式 (1.39) はこの極限において式 (1.40) に一致する（指数関数の定義式）ことがわかります．　□

第1章の演習問題

1 次の微分方程式が括弧内の一般解または特解をもつことを代入することにより確かめなさい（A, B, C は定数）.

(1) $\dfrac{dy}{dx} = xy$　$(y = Ce^{x^2/2})$

(2) $\left(\dfrac{dy}{dx}\right)^2 + x\dfrac{dy}{dx} - y = 0$　$(y = C(x+C))$

(3) $\dfrac{d^2y}{dx^2} - 3\dfrac{dy}{dx} + 2 = 0$　$(y = Ae^x + Be^{2x})$

(4) $\dfrac{\partial u}{\partial t} = \dfrac{\partial^2 u}{\partial x^2}$　$\left(u = \dfrac{1}{\sqrt{t}}e^{-x^2/4t}\right)$

2 次の関数を一般解にもつような微分方程式を求めなさい（A, B, C は定数）.

(1) $y = \cos(x + C)$

(2) $y = A\log x + x$

(3) $y = Ax + \dfrac{B}{x^2}$

(4) $y = A\sin(x + B)$

3 次の微分方程式を，図を用いて解きなさい.

(1) $\dfrac{dy}{dx} = x$

(2) $\dfrac{dy}{dx} = \dfrac{1}{x}$

4 c（一定値）の速さをもって，ある物理量 $f(x,t)$ が形を変えず x 方向に移動していくとします．時刻 0 において点 x にあった量は時刻 t において点 $x + ct$ に移動していること，そして関数の値はこの 2 つの点で同じであることを用いて物理量 f の満たす微分方程式を導きなさい．

第2章

基本的な1階微分方程式

1階微分方程式は，本章と次章で順に述べるように方程式の形によって解き方が決まっているため，どの型に属するかを見極めることが解く上で大切になります．本章では積分形，変数分離形，同次形，線形およびそれらに変形できる微分方程式の解き方を示します．

本章の内容

積分形
変数分離形
同次形
1階線形微分方程式

2.1 積 分 形

積分形とは $f(x,y)$ が x だけの関数 $f(x)$ の場合の 1 階微分方程式，すなわち

$$\frac{dy}{dx} = f(x) \tag{2.1}$$

を指します．このとき，両辺を x で積分することができて，

$$y = \int f(x)dx \tag{2.2}$$

となります．

例題 2.1 次の微分方程式の一般解を求めなさい．次に解が $y(0) = 0$ という条件を満たすとして任意定数の値を定め，特解を求めなさい．

$$\frac{dy}{dx} = x \cos x$$

【解】 両辺を x で積分します．右辺に部分積分を用いれば一般解

$$y = \int x \cos x \, dx = x \sin x - \int \sin x \, dx$$
$$= x \sin x + \cos x + C$$

が得られます．この式に $x = 0$ を代入した値が 0 であるため

$$0 = 0 \sin 0 + \cos 0 + C \quad \text{すなわち} \quad C = -1$$

となります．したがって，条件を満足する特解は

$$y = x \sin x + \cos x - 1$$

です． □

問 2.1 次の微分方程式の一般解を求めなさい．

(1) $\dfrac{dy}{dx} = 4x^3 - 2x$

(2) $\dfrac{dy}{dx} = x \log x$

(3) $\dfrac{dy}{dx} = \dfrac{1}{4x^2 - 9}$

2.2 変数分離形

1階微分方程式

$$\frac{dy}{dx} = f(x, y)$$

の右辺が x だけの関数 $g(x)$ と y だけの関数 $p(y)$ の積の形をしているとき，すなわち

$$f(x, y) = g(x)p(y)$$

と書ける場合，**変数分離形**とよんでいます．もちろん

$$f(x, y) = \frac{g(x)}{h(y)}$$

という形であっても

$$p(y) = \frac{1}{h(y)}$$

とみなせばよいため変数分離形になります．そこで，以下この後者の形の微分方程式を取り扱うことにします．

変数分離形の微分方程式

$$\frac{dy}{dx} = \frac{g(x)}{h(y)} \tag{2.3}$$

は次のようにして解くことができます．すなわち，式 (2.3) の両辺に $h(y)$ を掛けた上で x について積分すれば

$$\int h(y) \frac{dy}{dx} dx = \int g(x) dx$$

となります．一方，**置換積分法**を思い出せば左辺は

$$\int h(y) \frac{dy}{dx} dx = \int h(y) dy$$

と変形できるため，式 (2.3) の解は

$$\int h(y)dy = \int g(x)dx \tag{2.4}$$

になります．

式 (2.4) からわかるように，式 (2.3) を解くには dy/dx を，形式的に dy を dx で割ったものと考え，両辺に $h(y)dx$ を掛けて

$$h(y)dx \times \frac{dy}{dx} = h(y)dx \times \frac{g(x)}{h(y)}$$

という形の式をつくり，それを約分して左辺は y のみの関数，右辺は x のみの関数という形

$$h(y)dy = g(x)dx$$

にします．その上で，両辺に積分記号 $\int$ をつければよいことがわかります．

> **例題 2.2** 次の微分方程式の一般解を求めなさい．
> (1) $\dfrac{dy}{dx} = \dfrac{3x^2}{2y}$ (2) $\dfrac{dy}{dx} = 2xy$

【解】(1) 両辺に $2y$（または $2ydx$）を掛けて積分すれば

$$\int 2ydy \left(= \int 2y\frac{dy}{dx}dx \right) = \int 3x^2 dx$$

となるため，

$$y^2 = x^3 + C \quad (C：任意定数)$$

という一般解が得られます．

(2) 両辺を y で割って（または dx/y を掛けて）積分すれば

$$\int \frac{1}{y}dy \left(= \int \frac{1}{y}\frac{dy}{dx}dx \right) = \int 2xdx$$

となるため，

$$\log|y| = x^2 + C_1$$

または

$$y = Ce^{x^2} \quad (C = e^{C_1}：任意定数)$$

という一般解が得られます． □

問 2.2 次の変数分離形の方程式の一般解を求めなさい．

(1) $\dfrac{dy}{dx} = y$ (2) $\dfrac{dy}{dx} + 2y\cos x = 0$ (3) $\dfrac{1}{x}\dfrac{dy}{dx} = 1 + y^2$

2.3 同次形

1階微分方程式
$$\frac{dy}{dx} = f(x, y)$$
の右辺の関数が y/x だけの関数，あるいは同じことですが
$$u = \frac{y}{x}$$
とおいたとき u だけの関数の場合，すなわち
$$\frac{dy}{dx} = g\left(\frac{y}{x}\right) \tag{2.5}$$
と書ける場合，**同次形**とよんでいます．たとえば，
$$\frac{dy}{dx} = \left(\frac{y}{x}\right)^2 + 2\left(\frac{x}{y}\right)$$
は同次形です．なぜなら $u = y/x$ とおけば
$$右辺 = u^2 + \frac{2}{u}$$
のように u だけの関数になるからです．同様に
$$\frac{dy}{dx} = \frac{y^2}{x^2 + y^2}$$
も同次形です．なぜなら，この場合は
$$y = ux \tag{2.6}$$
という置き換えをすれば
$$右辺 = \frac{(ux)^2}{x^2 + (ux)^2}$$
$$= \frac{u^2}{1 + u^2}$$
となるからです．

同次形の微分方程式は式 (2.6) の置き換えをして，$u(x)$ に関する微分方程式に変換することにより変数分離形になおすことができます．実際，式 (2.6) の両辺を x で微分すると積の微分法から

$$\begin{aligned}\frac{dy}{dx} &= \frac{du}{dx}x + u\frac{dx}{dx} \\ &= x\frac{du}{dx} + u\end{aligned} \tag{2.7}$$

となりますが，この式と式 (2.6) を式 (2.5) に代入すれば

$$x\frac{du}{dx} + u = g(u)$$

または

$$\frac{du}{dx} = \frac{g(u) - u}{x} \tag{2.8}$$

が得られます．式 (2.8) は変数分離形であるため，2.2 節の方法で解くことができます．すなわち，式 (2.8) の両辺を $g(u) - u$ で割って x で積分すると

$$\int \frac{1}{g(u) - u}\frac{du}{dx}dx = \int \frac{1}{x}dx$$

したがって，

$$\int \frac{1}{g(u) - u}du = \log|x| + C \tag{2.9}$$

となります．最終的な解は，式 (2.9) の左辺を積分して得られる u の関数を $u = y/x$ を使って x と y の関数に書き換えたものになります．

具体的には式 (2.9) の左辺の積分結果を $h(u)$ と書くことにすれば

$$\log|x| = h(u) - C = h\left(\frac{y}{x}\right) - C$$

すなわち

$$x = Ae^{h(y/x)} \quad (A = \pm e^{-C} : 任意定数)$$

となります．

2.3 同次形

例題 2.3 次の微分方程式の一般解を求めなさい．
$$\frac{dy}{dx} = -\frac{x^2 - y^2}{2xy}$$

【解】 この方程式は右辺に対して式 (2.6) の置き換えをすれば
$$右辺 = -\frac{x^2 - (ux)^2}{2x \times ux} = -\frac{1 - u^2}{2u}$$

となるので，同次形であることがわかります．そこで左辺に式 (2.7) を用いれば
$$x\frac{du}{dx} + u = -\frac{1 - u^2}{2u}$$

すなわち
$$x\frac{du}{dx} = -\frac{u^2 + 1}{2u}$$

となります．この式を変形すれば
$$\int \frac{2u}{u^2 + 1} \frac{du}{dx} dx = \int \frac{d(u^2 + 1)}{u^2 + 1}$$
$$= -\int \frac{1}{x} dx$$

になり，両辺の積分を実行すれば
$$\log(u^2 + 1) = -\log|x| + C_1$$

または
$$u^2 + 1 = \frac{C}{x}$$

となります．さらに u を x と y で表せば
$$x^2 + y^2 = Cx$$

という一般解が得られます． □

問 2.3 次の同次形の方程式の一般解を求めなさい．

(1) $\dfrac{dy}{dx} = \dfrac{x + y}{x}$

(2) $\dfrac{dy}{dx} = \dfrac{x + 2y}{2x + y}$

同次形になおせる場合　そのままでは同次形とはいえませんが，簡単な置き換えにより同次形または変数分離形になおせる場合として

$$\frac{dy}{dx} = g\left(\frac{ax+by+c}{px+qy+r}\right) \tag{2.10}$$

という形の 1 階微分方程式があります．ただし a,b,c,p,q,r は定数で c と r は同時には 0 でないとします．もし同時に 0 であれば

$$\frac{dy}{dx} = g\left(\frac{ax+by}{px+qy}\right)$$
$$= g\left(\frac{a+b(y/x)}{p+q(y/x)}\right)$$

であるため同次形です．

式 (2.10) の例としては

$$\frac{dy}{dx} = \log\left(\frac{3x+y-5}{x-3y-5}\right) - 2\left(\frac{3x+y-5}{x-3y-5}\right)$$

があります．

微分方程式 (2.10) を同次形にするためには前述のように c と r を同時に 0 にします．そのために，変数変換

$$\begin{aligned} x &= X+s \\ y &= Y+t \end{aligned} \tag{2.11}$$

を行います．この変換により

$$\frac{ax+by+c}{px+qy+r} = \frac{aX+bY+as+bt+c}{pX+qY+ps+qt+r} \tag{2.12}$$

となるため，s,t として連立 2 元 1 次方程式

$$\begin{cases} as+bt = -c \\ ps+qt = -r \end{cases} \tag{2.13}$$

の解を選べば式 (2.12) の右辺の分母と分子の定数項は 0 になります．

2.3 同次形

連立1次方程式 (2.13) は $aq - bp \neq 0$ のとき解が1通りに定まります. 一方, 変換 (2.11) によって方程式 (2.10) の左辺は

$$\frac{dy}{dx} = \frac{dy}{dY}\frac{dY}{dX}\frac{dX}{dx}$$
$$= \frac{dY}{dX} \tag{2.14}$$

となるため, 結局

$$\frac{dY}{dX} = g\left(\frac{aX + bY}{pX + qY}\right)$$

という同次形に帰着されます.

なお, 例外であった

$$aq - bp = 0$$

の場合は

$$\frac{p}{a} = \frac{q}{b} = m$$

とおけば, 方程式 (2.10) は

$$\frac{dy}{dx} = g\left(\frac{(ax + by) + c}{m(ax + by) + r}\right)$$

となります. そこでもう1度

$$u = ax + by$$

とおけば

$$\frac{du}{dx} = a + b\frac{dy}{dx}$$

であることを用いて

$$\frac{du}{dx} = a + bg\left(\frac{u + c}{mu + r}\right)$$

が得られます. g は変数 u だけの関数なので, 上式は変数分離形の特殊な場合になっています. そこで, 2.2節の方法で解くことができます.

例題2.4 次の微分方程式の一般解を求めなさい．
$$\frac{dy}{dx} = \frac{3x+y-5}{x-3y-5}$$

【解】 はじめに連立2元1次方程式

$$\begin{cases} 3s+t=5 \\ s-3t=5 \end{cases}$$

を解けば

$$s=2, \quad t=-1$$

になります．そこで，

$$x=X+2, \quad y=Y-1$$

をもとの方程式に代入すれば，同次形

$$\frac{dY}{dX} = \frac{3X+Y}{X-3Y}$$

になります．次に $Y=uX$ を上式に代入すれば

$$X\frac{du}{dX}+u = \frac{3+u}{1-3u} \quad \text{より} \quad X\frac{du}{dX} = \frac{3+u}{1-3u}-u = \frac{3(1+u^2)}{1-3u}$$

すなわち，

$$\frac{1-3u}{3(1+u^2)}\frac{du}{dX} = \left(\frac{1}{3(1+u^2)}-\frac{u}{1+u^2}\right)\frac{du}{dX} = \frac{1}{X}$$

という変数分離形になります．両辺を X で積分すれば

$$\frac{1}{3}\tan^{-1}u - \frac{1}{2}\log(1+u^2) = \log|X|+C_1$$

となり，形を整えるため6倍して変数を X と Y に戻せば

$$2\tan^{-1}\frac{Y}{X} = 3\log(X^2+Y^2)+C$$

が得られます．さらにこの式をもとの x,y で表せば

$$2\tan^{-1}\frac{y+1}{x-2} = 3\log(x^2+y^2-4x+2y+5)+C$$

という一般解が得られます． □

2.3 同次形

例題 2.5 次の微分方程式の一般解を求めなさい.
$$\frac{dy}{dx} = \frac{2x - 3y + 1}{4x - 6y + 6}$$

【解】 この場合の連立 2 元 1 次方程式
$$\begin{cases} 2s - 3t = -1 \\ 4s - 6t = -6 \end{cases}$$
は解をもたないので
$$u = 2x - 3y$$
とおきます. このときもとの微分方程式は
$$\frac{du}{dx} = 2 - 3\frac{dy}{dx}$$
$$= 2 - 3\frac{u+1}{2u+6}$$
$$= \frac{u+9}{2u+6}$$
となります（変数分離形）. したがって
$$\int \frac{2u+6}{u+9}\frac{du}{dx}dx = \int \left(2 - \frac{12}{u+9}\right) du$$
$$= \int dx$$
の積分を実行して
$$2u - 12\log|u+9| = x + C_1$$
となります. u を x, y で表せば, 一般解として
$$x - 2y - 4\log|2x - 3y + 9| = C$$
が得られます. □

問 2.4 次の微分方程式を同次形または変数分離形になおして一般解を求めなさい.

(1) $\dfrac{dy}{dx} = \dfrac{x - 2y + 1}{2x + y - 3}$

(2) $\dfrac{dy}{dx} = \dfrac{y - x + 1}{y - x + 4}$

2.4　1階線形微分方程式

1階線形微分方程式とは，$p(x), q(x)$ を x の与えられた関数としたとき

$$\frac{dy}{dx} + p(x)y = q(x) \tag{2.15}$$

のことを指します．この方程式の名前は式 (2.15) が未知関数 y およびその1階導関数に関して1次式であることによります．1階線形微分方程式の例として

$$\frac{dy}{dx} - \frac{2y}{x} = -2x^2 \tag{2.16}$$

があります．なぜなら，

$$p(x) = -\frac{2}{x}$$
$$q(x) = -2x^2$$

とおけば式 (2.15) の形になるからです．1階線形微分方程式は以下に示すように公式の形で表される一般解があります．しかし，覚えにくい複雑な形をしているため，**定数変化法**とよばれる解き方[†]を覚える方が確実です．そこで，微分方程式 (2.16) を例にとって定数変化法を説明します．

定数変化法では，まず式 (2.16) の右辺を 0 とおいた方程式[††]

$$\frac{dy}{dx} - \frac{2y}{x} = 0$$

すなわち

$$\frac{dy}{dx} = \frac{2y}{x} \tag{2.17}$$

を考えます．これは変数分離形になっているため，2.2 節の方法で解けます．実際，式 (2.17) の両辺に形式的に dx/y を掛けて約分すると

[†] 定数変化法は1階微分方程式だけではなく高階の線形微分方程式に対しても適用できる方法です（5.1 節参照）．

[††] 一般に式 (2.15) の右辺が 0 の方程式を**同次方程式**とよびます．

$$\frac{dy}{y} = \frac{2}{x}dx$$

すなわち

$$\int \frac{dy}{y} = \int \frac{2}{x}dx$$

になります.積分を実行すれば

$$\log|y| = 2\log|x| + c$$

となるので,同次方程式の一般解として

$$y = Ax^2 \quad (A = e^c : 任意定数) \tag{2.18}$$

が得られます.

定数変化法はこの任意定数 A を x の関数とみなしてもとの方程式に代入し,右辺が $-2x^2$ になるように関数 A を決めるという方法です.実際,

$$\frac{dy}{dx} = \frac{dA}{dx} \times x^2 + A \times \frac{dx^2}{dx} = \frac{dA}{dx}x^2 + 2Ax \tag{2.19}$$

を用いれば,もとの微分方程式 (2.16) は

$$x^2\frac{dA}{dx} + 2Ax - \frac{2Ax^2}{x} = -2x^2$$

になり,

$$\frac{dA}{dx} = -2$$

というように $A(x)$ が満たすべき方程式が得られます.そこでこの方程式を解けば,一般解として

$$A(x) = -2x + C$$

が得られます.これを式 (2.18) に代入すればもとの方程式の一般解

$$y = Cx^2 - 2x^3$$

が得られます.

1階線形微分方程式の一般形である式 (2.15) に対しても同じ手続きで解が得られます．はじめに式 (2.15) の右辺を 0 とおいて変形した

$$\frac{dy}{dx} = -p(x)y \qquad (2.20)$$

という方程式を解くことを考えます．この方程式は，変数分離形とみなせるため以下のようにして解くことができます．すなわち，両辺に dx/y を掛けて積分すれば

$$\int \frac{1}{y}dy = -\int p(x)dx$$

したがって，

$$\log|y| = -\int p(x)dx + C_1$$

または

$$y = Ae^{-\int p(x)dx} \quad (A：任意定数) \qquad (2.21)$$

となります．なお，上式の不定積分を行うとき任意定数は不要です．なぜなら A に含めることができるからです．

次に式 (2.21) の A を x の関数とみなしてもとの方程式 (2.15) の一般解を求めます．

式 (2.21) を x に関して微分すれば，A が x の関数であることを考慮して

$$\frac{dy}{dx} = \frac{dA}{dx}e^{-\int p(x)dx} + A(-p(x))e^{-\int p(x)dx}$$

となります†．したがって，式 (2.15) は

$$\frac{dA}{dx}e^{-\int p(x)dx} + A(-p(x))e^{-\int p(x)dx} + p(x)Ae^{-\int p(x)dx} = q(x)$$

になりますが，左辺第 2 項と第 3 項がちょうど打ち消し合って

$$\frac{dA}{dx} = e^{\int p(x)dx}q(x)$$

となります．この方程式は積分形であるため，両辺を積分すれば

---

† $(e^{f(x)})' = f'(x)e^{f(x)}$ において $f(x)$ として $-\int p(x)dx$ を用いています．

2.4 1階線形微分方程式

$$A(x) = \int e^{\int p(x)dx} q(x)dx + C \quad (C：任意定数)$$

となります†．この式を式 (2.21) に代入すれば

$$y = e^{-\int p(x)dx} \left(\int e^{\int p(x)dx} q(x)dx + C \right) \tag{2.22}$$

という一般解が得られます．なお，前述のとおり各不定積分を計算するとき任意定数は不要です．この式は括弧をはずせば

$$y = Ca(x) + b(x) \tag{2.23}$$

ただし，

$$a(x) = e^{-\int p(x)dx}, \quad b(x) = e^{-\int p(x)dx} \int e^{\int p(x)dx} q(x)dx$$

となります．式 (2.23) の右辺第 1 項は式 (2.21) と同じなので式 (2.20) の一般解です．一方，式 (2.23) の右辺第 2 項の $b(x)$ は任意定数を含んでいないため，もとの線形微分方程式 (2.15) の 1 つの特解になっています．実際，

$$\begin{aligned}
\frac{db}{dx} &= (e^{-\int p(x)dx})' \int e^{\int p(x)dx} q(x)dx + e^{-\int p(x)dx} \left(e^{\int p(x)dx} q(x)dx \right)' \\
&= -p(x) e^{-\int p(x)dx} \int e^{\int p(x)dx} q(x)dx + e^{-\int p(x)dx} e^{\int p(x)dx} q(x) \\
&= -p(x) b + q(x)
\end{aligned}$$

となります．このように，線形 1 階微分方程式の一般解は，特解と右辺を 0 にした方程式の一般解の和になることがわかります．

問 2.5 式 (2.22) を用いて方程式 (2.16) の一般解を求めなさい．

まとめると定数変化法は，まず同次方程式の一般解を求め，次にこの一般解がもつ任意定数を関数とみなして非同次方程式に代入することによりその関数を定める方法であり，線形の微分方程式に対して適用できる方法です．

---

† 不定積分の形に書いたときにはもともと C は積分に含まれていてこのように書く必要はないのですが，次に得られる式 (2.22) の公式に任意定数が含まれていることをはっきりさせるために C を書いています．このように書いた場合には式 (2.22) の指数の部分にある不定積分には任意定数を含めなくてすみます．

例題 2.6　次の線形微分方程式の一般解を求めなさい．
$$\frac{dy}{dx} + \frac{xy}{\sqrt{1+x^2}} = -\frac{x}{\sqrt{1+x^2}}$$

【解】　定数変化法にしたがって，はじめに右辺を 0 とした同次方程式
$$\frac{dy}{dx} + \frac{xy}{\sqrt{1+x^2}} = 0$$
を解きます．変数分離型であることに注意して変形すると
$$\frac{dy}{y} = -\frac{x}{\sqrt{1+x^2}}dx$$
となります．そこで，両辺を積分すれば
$$\int \frac{dy}{y} = -\int \frac{x}{\sqrt{1+x^2}}dx$$
$$= -\frac{1}{2}\int \frac{1}{\sqrt{t}}dt \quad (t = 1+x^2 とおく)$$
となるため
$$\log|y| = -\sqrt{t} + C$$
$$= -\sqrt{1+x^2} + C$$
すなわち，一般解として
$$y = Ae^{-\sqrt{1+x^2}}$$
が得られます．次に，A を x の関数としてもとの方程式に代入すれば
$$\frac{dA}{dx}e^{-\sqrt{1+x^2}} - \frac{Axe^{-\sqrt{1+x^2}}}{\sqrt{1+x^2}} + \frac{Axe^{-\sqrt{1+x^2}}}{\sqrt{1+x^2}} = -\frac{x}{\sqrt{1+x^2}}$$
より左辺の第 2 項と第 3 項がうち消し合い，さらに両辺に $e^{\sqrt{1+x^2}}$ を掛けて積分して
$$\int \frac{dA}{dx}dx = -\int \frac{x}{\sqrt{1+x^2}}e^{\sqrt{1+x^2}}dx$$
$$= -\int e^t dt \quad \left(t = \sqrt{1+x^2}とおくと\ dt = \frac{x}{\sqrt{1+x^2}}dx\right)$$
すなわち
$$A = -e^t + C = -e^{\sqrt{1+x^2}} + C$$

となります．したがって，もとの方程式の一般解は
$$y = \left(-e^{\sqrt{1+x^2}} + C\right) e^{\sqrt{1+x^2}} = Ce^{\sqrt{1+x^2}} - 1$$
です． □

問 2.6 次の 1 階線形微分方程式の一般解を求めなさい．

(1) $\dfrac{dy}{dx} + y = x$

(2) $\dfrac{dy}{dx} + 2xy = 5x$

ベルヌーイの微分方程式 見かけ上は線形ではありませんが簡単な変数変換で 1 階線形微分方程式になおせる微分方程式に

$$\dfrac{dy}{dx} + p(x)y = q(x)y^\alpha \tag{2.24}$$

という形のベルヌーイ (Bernoulli) の微分方程式があります．

ただし，実数 α が 0 または 1 の場合は式 (2.24) は線形になるため除外します．$\alpha \neq 0, 1$ のとき両辺を y^α で割ると

$$y^{-\alpha} \dfrac{dy}{dx} + p(x)y^{1-\alpha} = q(x)$$

となります．そこで

$$z = y^{1-\alpha} \tag{2.25}$$

とおくと，

$$\dfrac{dz}{dx} = (1-\alpha) y^{-\alpha} \dfrac{dy}{dx}$$

になるため，式 (2.24) に $(1-\alpha)y^{-\alpha}$ を掛ければ，z に関する微分方程式

$$\dfrac{dz}{dx} + (1-\alpha)p(x)z = (1-\alpha)q(x)$$

が得られます．これは 1 階線形微分方程式であり，式 (2.15) の $p(x)$ と $q(x)$ をそれぞれ $(1-\alpha)p(x)$ と $(1-\alpha)q(x)$ で置き換えたものになっています．

例題 2.7 次の微分方程式の一般解を求めなさい．
$$\frac{dy}{dx} + \frac{y}{x} = x^2 y^3$$

【解】この方程式はベルヌーイの微分方程式（式 (2.24) で $\alpha = 3$）なので，式 (2.25) より
$$z = y^{1-3} = y^{-2}$$
とおきます．
$$\frac{dz}{dx} = -2y^{-3}\frac{dy}{dx} \quad \text{または} \quad y^{-3}\frac{dy}{dx} = -\frac{1}{2}\frac{dz}{dx}$$
なので，もとの方程式に $-2y^{-3}$ を掛ければ
$$\frac{dz}{dx} - \frac{y^{-2}}{2x} = -2x^2 \quad \text{または} \quad \frac{dz}{dx} - \frac{2z}{x} = -2x^2$$
となります．この方程式は z を y とみなせば式 (2.16) と同じになります．そこで，その結果を用いれば一般解は
$$y^{-2}(= z) = Cx^2 - 2x^3$$
であることがわかります． □

問 2.7 次のベルヌーイの微分方程式の一般解を求めなさい．
$$\frac{dy}{dx} - \frac{2y}{x} = y^2$$

リッカチの方程式 次の形の微分方程式
$$\frac{dy}{dx} + p(x)y^2 + q(x)y + r(x) = 0 \tag{2.26}$$
はリッカチ (Riccati) の微分方程式とよばれています．リッカチの微分方程式は一般に本章で述べた求解法では解が求まらないことが知られていますが，1つの特解 w が求まれば $y = w + u$ と置くことにより求積法で解が求まります．なぜなら，この関係を式 (2.26) に代入すれば
$$\left(\frac{dw}{dx} + pw^2 + qw + r\right) + \frac{du}{dx} + pu^2 + (2wp + q)u = 0$$
になりますが，左辺のはじめの括弧内は w が特解であるので式 (2.26) より 0

になります．したがって，

$$\frac{du}{dx} + (2wp+q)u = -pu^2 \tag{2.27}$$

というベルヌーイの方程式に変形できます．

例題 2.8　次のリッカチの方程式の一般解を求めなさい（括弧内は1つの特解）．

$$\frac{dy}{dx} + \frac{2y^2}{x^4} = -x^2 \ (y = -x^3)$$

【解】 $y = u - x^3$ とおいてもとの方程式に代入すれば，ベルヌーイの方程式

$$\frac{du}{dx} - \frac{4u}{x} = -\frac{2u^2}{x^4}$$

になります．そこで，もう1度

$$z = u^{1-2} = \frac{1}{u}$$

とおけば，線形1階微分方程式

$$\frac{dz}{dx} + \frac{4z}{x} = \frac{2}{x^4}$$

が得られます．紙面を節約するため公式 (2.22) を使うと

$$\int p(x)dx = \int \frac{4}{x}dx = 4\log x$$

であるので

$$z = e^{-4\log x}\left(\int e^{4\log x} \times \frac{2}{x^4}dx + C\right)$$
$$= x^{-4}\left(2\int dx + C\right) = \boxed{\frac{2x+C}{x^4}}$$

したがって，

$$z = \frac{1}{u} = \boxed{\frac{2x+C}{x^4}}$$

となり，これから u を求めて $y = u - x^3$ に代入すれば

$$y = \frac{x^4}{2x+C} - x^3$$

となります． □

第 2 章の演習問題

1 次の微分方程式の一般解を求めなさい（変数分離形）.

(1) $(x+1)\dfrac{dy}{dx} - xy = 0$

(2) $\dfrac{dy}{dx} = e^{x-y-1}$

(3) $2x\dfrac{dy}{dx} + y^2 = 1$

(4) $1 + x\dfrac{dy}{dx} = x^2 \dfrac{dy}{dx}$

2 次の微分方程式の一般解を求めなさい（同次形とその変形）.

(1) $x\dfrac{dy}{dx} + (x-y) = 0$

(2) $x\dfrac{dy}{dx} - y = \sqrt{x^2 - y^2}$

(3) $\dfrac{dy}{dx} = \dfrac{4x - 3y + 1}{3x + 2y + 1}$

(4) $2(x - 4y)\dfrac{dy}{dx} = 2x - 8y + 1$

3 次の微分方程式の一般解を求めなさい（線形とベルヌーイ形）.

(1) $\dfrac{dy}{dx} + y\sin x = \sin x \cos x$

(2) $\dfrac{dy}{dx} - 2y = x^2$

(3) $\dfrac{dy}{dx} + y = \cos x$

(4) $x\dfrac{dy}{dx} - y = x^3 y^3$

(5) $\dfrac{dy}{dx} - y \sec x = y^3 \dfrac{\tan x}{2}$

4 次のリッカチの方程式を解きなさい（括弧内は 1 つの特解）.

$$\dfrac{dy}{dx} - y^2 = -2x^{-2} \quad \left(y = \dfrac{1}{x}\right)$$

第3章

特殊な1階微分方程式

本節では完全微分方程式とよばれる方程式，また工夫により完全微分方程式になおせる微分方程式および非正規形の特殊な微分方程式の求積法による解法を述べます．

本章の内容

完全微分方程式
積分因子
非正規形

3.1 完全微分方程式

正規形の微分方程式

$$\frac{dy}{dx} = f(x, y)$$

は右辺の関数 $f(x, y)$ を分数の形にして

$$\frac{dy}{dx} = -\frac{P(x, y)}{Q(x, y)} \tag{3.1}$$

と書くことができます．もちろん $Q(x, y) = -1$ と考えて $P(x, y) = f(x, y)$ とすればもとの方程式に一致しますが，わざとこのような形にしておきます．なお，与えられた f に対し，もとの方程式を式 (3.1) の形にする場合，P と Q は 1 通りには決まりません．すなわち，P と Q が

$$f = -\frac{P}{Q}$$

を満たすとき，λP と λQ（λ は任意の関数）も同じ関係を満たします．

式 (3.1) は分母を払った

$$P(x, y)dx + Q(x, y)dy = 0 \tag{3.2}$$

の形に書かれることもありますが，式 (3.2) と式 (3.1) は同じ方程式を表すと解釈します．この形の方程式を**全微分方程式**とよんでいます．

方程式 (3.2) の解法を説明する前に，それと密接に関連する関数の全微分について復習しておきます．すなわち，ある関数

$$z = f(x, y)$$

の**全微分** df ($= dz$) は

$$df = \frac{\partial f}{\partial x}dx + \frac{\partial f}{\partial y}dy \tag{3.3}$$

で定義されます．そして，全微分が 0 であれば，すなわち $df = 0$ であれば，関数 f は定数になります．

さて，式 (3.2) の関数 P, Q が

3.1 完全微分方程式

$$P(x,y) = \frac{\partial f}{\partial x}, \quad Q(x,y) = \frac{\partial f}{\partial y} \tag{3.4}$$

を満足したと仮定します．このとき，式 (3.4) を式 (3.2) の左辺に代入した式と式 (3.3) の右辺が一致します．したがって，式 (3.2) は

$$df = 0$$

という方程式になります．この式は全微分が 0 であることを意味しているため，

$$f(x,y) = C \tag{3.5}$$

という解をもつことがわかります．

まとめれば，方程式 (3.2) において，式 (3.4) を満足する $f(x,y)$ が求まれば，式 (3.5) が解になります．

式 (3.4) を満足する $P(x,y)$ と $Q(x,y)$ は無関係ではありません．すなわち，式 (3.4) から P と Q は，

$$\frac{\partial}{\partial y}P(x,y) = \frac{\partial}{\partial x}Q(x,y) \tag{3.6}$$

を満たす必要があります．なぜなら，式 (3.4) を参照すれば，上式の左辺と右辺はそれぞれ

$$\frac{\partial^2 f}{\partial y \partial x} \quad \text{および} \quad \frac{\partial^2 f}{\partial x \partial y}$$

になりますが，どちらも等しいからです[†]．

P と Q が式 (3.6) の条件を満たす場合，方程式 (3.2) を**完全微分方程式**とよんでいます．完全微分方程式の解は式 (3.5) で与えられますが，$f(x,y)$ の具体的な形は P と Q を用いて

$$f(x,y) = \int_{x_0}^{x} P(x,y)dx + \int_{y_0}^{y} Q(x_0,y)dy \tag{3.7}$$

と表せます．ただし，x_0, y_0 は定数であり，1 番目の積分の項は y を定数とみなして x で積分すると解釈します．式 (3.7) が解であることを示す前に具体的にこの公式を使ってみます．

[†] $f(x,y)$ が連続な偏導関数 f_{xy}, f_{yx} をもてば $f_{xy} = f_{yx}$ になります．

例題3.1 次の微分方程式の一般解を求めなさい.
$$\frac{dy}{dx} = -\frac{x^2 - 2y}{y^2 - 2x}$$

【解】 この方程式は
$$(x^2 - 2y)dx + (y^2 - 2x)dy = 0$$
と書けます.このとき,式 (3.2) と比較すれば
$$P(x,y) = x^2 - 2y, \quad Q(x,y) = y^2 - 2x$$
となり,さらに
$$\frac{\partial P}{\partial y} = \frac{\partial}{\partial y}(x^2 - 2y) = -2$$
$$\frac{\partial Q}{\partial x} = \frac{\partial}{\partial x}(y^2 - 2x) = -2$$
です.したがって
$$\frac{\partial}{\partial y}P(x,y) = \frac{\partial}{\partial x}Q(x,y)$$
が成り立つため完全微分方程式です.そこで,公式 (3.7) から
$$f(x,y) = \int_{x_0}^{x}(x^2 - 2y)dx + \int_{y_0}^{y}(y^2 - 2x_0)dy$$
$$= \left[\frac{x^3}{3} - 2yx\right]_{x_0}^{x} + \left[\frac{y^3}{3} - 2x_0 y\right]_{y_0}^{y}$$
$$= \frac{x^3}{3} - 2yx - \frac{x_0^3}{3} + 2yx_0 + \frac{y^3}{3} - 2x_0 y - \frac{y_0^3}{3} + 2x_0 y_0 = C_1$$
となり,$2x_0 y$ はうち消し合うので,全体を 3 倍すれば
$$x^3 - 6xy + y^3 = C$$
$$\left(C = 3C_1 + x_0^3 - 6x_0 y_0 + y_0^3 : 任意定数\right)$$
という一般解が得られます.実際,上式を x で微分すれば積の微分法や合成関数の微分法から
$$3x^2 - 6y - 6x\frac{dy}{dx} + 3y^2\frac{dy}{dx} = 0$$
となりますが,この式を dy/dx について解けばもとの微分方程式になります. □

3.1 完全微分方程式

完全微分方程式が式 (3.7) で表される f に対して $f = C$（定数）という一般解をもつことが以下のようにして示せます．

まず，式 (3.4) の第 1 式を区間 $[x_0, x]$ において x で定積分すると

$$f = \int_{x_0}^{x} P(x,y)dx + g(y) - g(y_0) \tag{3.8}$$

になります[†]（$g(y)$ は y の任意関数）．これを y で微分すれば

$$\frac{\partial f}{\partial y} = \int_{x_0}^{x} \frac{\partial P}{\partial y}dx + \frac{dg}{dy}$$

となりますが，式 (3.6) の

$$\frac{\partial}{\partial y}P(x,y) = \frac{\partial}{\partial x}Q(x,y)$$

を用いて右辺の被積分関数を $\partial Q/\partial x$ で置き換えて積分を実行すれば

$$\begin{aligned}\frac{\partial f}{\partial y} &= \int_{x_0}^{x} \frac{\partial Q}{\partial x}dx + g'(y) \\ &= Q(x,y) - Q(x_0, y) + g'(y)\end{aligned}$$

となります．一方，式 (3.4) から

$$\frac{\partial f}{\partial y} = Q(x,y)$$

となるため，上式は

$$g'(y) = Q(x_0, y)$$

を意味します．この式を区間 $[y_0, y]$ において y で定積分すると

$$g(y) = \int_{y_0}^{y} Q(x_0, y)dy + g(y_0)$$

が得られ，式 (3.8) に代入すれば式 (3.7) が得られます．

[†] y_0 は x_0 に対応する y の値です．関数を幅が 0 の区間 $[x_0, x_0]$, $[y_0, y_0]$ で定積分すると 0 なので，式 (3.8) に $-g(y_0)$ をつけ加える必要があります．なぜなら式 (3.7), (3.8) に $x = x_0, y = y_0$ を代入すると $f(x_0, y_0) = 0$ になるためです．

例題 3.2 式 (3.7) で求めた $f(x,y)$ に対し，$f=C$ がもとの方程式 (3.1)

$$\frac{dy}{dx} = -\frac{P(x,y)}{Q(x,y)}$$

の一般解になっていることを確かめなさい．

【解】 式 (3.7) を x で微分すれば右辺第 2 項は y のみの関数であるため

$$\frac{\partial f}{\partial x} = \frac{\partial}{\partial x}\int_{x_0}^{x} P dx = P(x,y)$$

となります．また y で微分すれば，式 (3.6) を考慮して

$$\begin{aligned}\frac{\partial f}{\partial y} &= \int_{x_0}^{x} \frac{\partial P}{\partial y}(x,y)dx + Q(x_0,y) \\ &= \int_{x_0}^{x} \frac{\partial Q}{\partial x}(x,y)dx + Q(x_0,y) \\ &= (Q(x,y) - Q(x_0,y)) + Q(x_0,y) = Q(x,y)\end{aligned}$$

となります．したがって，

$$P(x,y) + Q(x,y)\frac{dy}{dx} = \frac{\partial f}{\partial x} + \frac{\partial f}{\partial y}\frac{dy}{dx}$$

になります．一方，f は x と y の関数なので

$$\frac{df}{dx} = \frac{\partial f}{\partial x}\frac{dx}{dx} + \frac{\partial f}{\partial y}\frac{dy}{dx} = \frac{\partial f}{\partial x} + \frac{\partial f}{\partial y}\frac{dy}{dx}$$

と計算できるため，2 つの式の右辺は等しくなります．そこで $f=C$ を考慮すれば

$$P(x,y) + Q(x,y)\frac{dy}{dx} = \frac{df}{dx} = \frac{dC}{dx} = 0$$

が成り立ちます．すなわち，式 (3.7) の f に対して $f=C$ は方程式 (3.1) を満たし，任意定数を含むため一般解になります．

同様の証明が式 (3.7) のかわりに

$$f(x,y) = \int_{x_0}^{x} P(x,y_0)dx + \int_{y_0}^{y} Q(x,y)dy$$

とおいてもできます．

問 3.1 このことを実際に確かめなさい．

3.1 完全微分方程式

以上をまとめると，完全微分方程式（式 (3.1)）の P と Q が式 (3.6) を満たす方程式）の一般解は

$$\int_{x_0}^{x} P(x,y)dx + \int_{y_0}^{y} Q(x_0,y)dy = C \tag{3.9}$$

または

$$\int_{x_0}^{x} P(x,y_0)dx + \int_{y_0}^{y} Q(x,y)dy = C \tag{3.10}$$

となります†。 □

完全微分方程式は公式 (3.10) を使わなくても，それを導いたのと同様の手順で以下のようにしても解けます．すなわち，例題 3.1 では

$$\frac{\partial f}{\partial x}(=P) = x^2 - 2y$$

であるため，この式を x で積分して

$$f(x,y) = \int (x^2 - 2y)dx + g(y) = \frac{x^3}{3} - 2yx + g(y) \tag{3.11}$$

となります．ただし，$g(y)$ は x に関して積分したために現れる y の任意関数であり，逆に上式を x で微分すれば消えてもとの式に戻ります．f を y で微分したものが Q すなわち $y^2 - 2x$ であるため

$$\frac{\partial f}{\partial y} = -2x + \frac{dg}{dy} = y^2 - 2x$$

この式から $g(y)$ が定まって

$$g(y) = \frac{y^3}{3} + C_1$$

となります．この $g(y)$ を式 (3.11) に代入して，一般解が $f(x,y) = C_2$（定数）であることを用いれば

$$x^3 - 6xy + y^3 = C$$

が得られます．

---

† 任意定数が見かけ上 x_0, y_0, C の 3 個あるように見えますが，例題 3.1 を見てもわかるように実際には 1 個だけになります．

なお，完全微分方程式は上述の手順にしたがわなくても

$$f(x)dx = d\left(\int f(x)dx\right) \tag{3.12}$$

$$d(xy) = xdy + ydx, \quad d\left(\frac{y}{x}\right) = \frac{xdy - ydx}{x^2}, \quad d\left(\frac{x}{y}\right) = \frac{ydx - xdy}{y^2} \tag{3.13}$$

などを用いて簡単に解ける場合があります．これらの関係式は

$$\frac{d}{dx}\int f(x)dx = f(x)$$

$$\frac{d}{dx}(xy) = x\frac{dy}{dx} + \frac{dx}{dx}y = x\frac{dy}{dx} + y$$

$$\frac{d}{dx}\left(\frac{y}{x}\right) = \frac{x(dy/dx) - y}{x^2}$$

$$\frac{d}{dx}\left(\frac{x}{y}\right) = \frac{y - x(dy/dx)}{y^2}$$

に形式的に dx を掛ければ得られます．

式 (3.12) はたとえば $f(x)$ が $x, \cos x, e^x$ のときは

$$xdx = \frac{1}{2}d(x^2)$$

$$\cos x\, dx = d(\sin x)$$

$$e^x dx = d(e^x)$$

になります．

以下，式 (3.12), (3.13) の使い方を，例題を用いて示します．

例題 3.3 微分方程式

$$e^{-x}dx + e^y dy = 0$$

の一般解を求めなさい．

【解】 $e^{-x}dx = -d(e^{-x})$, $e^y = d(e^y)$ であるので

$$e^{-x}dx + e^y dy = d(-e^{-x} + e^y) = 0$$

したがって

$$e^y = e^{-x} + C \qquad \square$$

例題 3.4 微分方程式

$$(2x - 2y + \cos x)dx + (4y - 2x + \sin y)dy = 0$$

の一般解を求めなさい．

【解】　この方程式は

$$(2x + \cos x)dx + (4y + \sin y)dy - 2(ydx + xdy) = 0$$

と変形できます．第 1 項と第 2 項はそれぞれ x または y だけしか含んでいないため，

$$\begin{aligned}(2x + \cos x)dx &= 2xdx + \cos x dx \\ &= d(x^2) + d(\sin x) \\ &= d(x^2 + \sin x) \\ (4y + \sin y)dy &= 4ydy + \sin y dy \\ &= 2d(y^2) - d(\cos y) \\ &= d(2y^2 - \cos y)\end{aligned}$$

となります．また，第 3 項は式 (3.13) から

$$-2(ydx + xdy) = -2d(xy)$$

となります．したがって，もとの式は

$$(2x - 2y + \cos x)dx + (4y - 2x + \sin y)dy$$
$$= d(x^2 + \sin x + 2y^2 - \cos y - 2xy) = 0$$

と変形できるため

$$x^2 + \sin x + 2y^2 - \cos y - 2xy = C$$

が一般解になります．　　□

問 3.2　次の完全微分方程式の一般解を求めなさい．
(1)　$(-4x + y)dx + (x + 2y)dy = 0$
(2)　$(x - 2y)dx + \left(\dfrac{1}{y^2} - 2x\right)dy = 0$

3.2 積 分 因 子

微分方程式 (3.2) が完全微分方程式ではない場合でも，すなわち式 (3.2) の P と Q が関係式 (3.6) を満足しない場合であっても，式 (3.2) に関数 $\lambda(x,y)$ を掛けた方程式

$$\lambda(x,y)P(x,y)dx + \lambda(x,y)Q(x,y)dy = 0 \tag{3.14}$$

が完全微分方程式になることがあります．この $\lambda(x,y)$ を**積分因子**とよんでいます．例として全微分方程式

$$ydx - xdy = 0$$

を考えます．$P = y, Q = -x$ であるため，

$$\frac{\partial P}{\partial y} = 1, \quad \frac{\partial Q}{\partial x} = -1$$

となり，上の方程式は完全微分方程式ではありません．しかし，両辺を y^2 で割った

$$\frac{1}{y}dx - \frac{x}{y^2}dy = 0$$

を考えると，$P = 1/y, Q = -x/y^2$ であるため

$$\frac{\partial P}{\partial y} = -\frac{1}{y^2}, \quad \frac{\partial Q}{\partial x} = -\frac{1}{y^2}$$

となり，完全微分方程式になります．したがって，この方程式の積分因子は $1/y^2$ であることがわかります．一方，もとの方程式の両辺を x^2 で割ると

$$\frac{y}{x^2}dx - \frac{1}{x}dy = 0$$

となりますが，この場合も

$$\frac{\partial P}{\partial y} = \frac{1}{x^2}, \quad \frac{\partial Q}{\partial x} = \frac{1}{x^2}$$

となり，完全微分方程式です．このように，ある微分方程式に対して積分因子は 1 つではないことがわかります．

問 3.3 上述のことを用いて $ydx - xdy = 0$ を解きなさい．

積分因子 λ が満たすべき条件は式 (3.14) に対して，式 (3.6) に対応する式を書けば得られます．具体的には

$$\frac{\partial}{\partial y}(\lambda(x,y)P(x,y)) = \frac{\partial}{\partial x}(\lambda(x,y)Q(x,y)) \tag{3.15}$$

となります．したがって，この方程式を満たす関数 $\lambda(x,y)$ が見つかれば，式 (3.14) は完全微分方程式になり前節の方法で解が求まります．

式 (3.15) を展開すると関数 $\lambda(x,y)$ に対する 1 階偏微分方程式

$$P\frac{\partial \lambda}{\partial y} - Q\frac{\partial \lambda}{\partial x} = -\lambda\left(\frac{\partial P}{\partial y} - \frac{\partial Q}{\partial x}\right) \tag{3.16}$$

が得られます．したがって，積分因子を求めるためには上の偏微分方程式を解けばよいことになります．しかし，偏微分方程式を解くことは常微分方程式を解くことよりも困難であるため，上式から λ を求めることは実用的ではありません．ただし，P, Q が特別な形をしている場合には偏微分方程式は容易に解けて積分因子が求まることがあります．以下，この点についてもう少し詳しく調べてみます．

はじめに，積分因子 λ が x のみの関数であるとします．このとき，

$$\frac{\partial \lambda}{\partial x} = \frac{d\lambda}{dx}, \quad \frac{\partial \lambda}{\partial y} = 0$$

であることに注意すれば，方程式 (3.16) は

$$\frac{1}{\lambda}\frac{d\lambda}{dx} = \frac{1}{Q}\left(\frac{\partial P}{\partial y} - \frac{\partial Q}{\partial x}\right)$$

となります．左辺は x のみの関数であるため，このような場合には右辺も x のみの関数である必要があります．そこで右辺を $g(x)$ と書くことにすれば，この方程式は変数分離形の方程式になります．そこで，それを解けば積分因子として

$$\lambda(x) = e^{\int g(x)dx}$$

が得られます．

以上のことをまとめれば

$$\frac{1}{Q}\left(\frac{\partial P}{\partial y} - \frac{\partial Q}{\partial x}\right)$$

が x のみの関数であれば，微分方程式 (3.14) の 1 つの積分因子は

$$\lambda(x) = \exp\left(\int \frac{1}{Q}\left(\frac{\partial P}{\partial y} - \frac{\partial Q}{\partial x}\right) dx\right) \tag{3.17}$$

になります．同様に考えれば

$$\frac{1}{P}\left(\frac{\partial P}{\partial y} - \frac{\partial Q}{\partial x}\right)$$

が y のみの関数であれば，微分方程式 (3.14) の 1 つの積分因子は

$$\lambda(y) = \exp\left(-\int \frac{1}{P}\left(\frac{\partial P}{\partial y} - \frac{\partial Q}{\partial x}\right) dy\right) \tag{3.18}$$

になります[†]．

問 3.4 式 (3.18) が積分因子になる理由を述べなさい．

例題 3.5 微分方程式

$$(x^2 + y)dx - xdy = 0$$

の積分因子と一般解を求めなさい．

【解】

$$\frac{1}{Q}\left(\frac{\partial P}{\partial y} - \frac{\partial Q}{\partial x}\right) = -\frac{1}{x}(1-(-1)) = -\frac{2}{x}$$

より，

$$\frac{1}{\lambda}\frac{d\lambda}{dx} = -\frac{2}{x}$$

を解いて

$$\lambda(x) = x^{-2}$$

[†] $\exp(f(x)) = e^{f(x)}$ です．

が積分因子になります. もとの方程式に積分因子を掛ければ

$$dx + \frac{ydx - xdy}{x^2} = dx + d\left(-\frac{y}{x}\right)$$
$$= d\left(x - \frac{y}{x}\right)$$

となるため (式 (3.13) 参照), 一般解は

$$x - \frac{y}{x} = C$$

すなわち

$$y = x^2 - Cx$$

になります. □

例題 3.6 1 階線形微分方程式

$$\frac{dy}{dx} + p(x)y = q(x)$$

の積分因子を求めなさい. さらに, 一般解を求めなさい.

【解】 この方程式は

$$(p(x)y - q(x))dx + dy = 0 \tag{3.19}$$

と書くことができます. この場合

$$P = p(x)y - q(x), \quad Q = 1$$

であるため

$$\frac{1}{Q}\left(\frac{\partial P}{\partial y} - \frac{\partial Q}{\partial x}\right) = p(x)$$

となり, x のみの関数であることがわかります. したがって, 式 (3.17) から線形 1 階微分方程式の積分因子の 1 つは

$$\lambda(x) = e^{\int p(x)dx} \tag{3.20}$$

です. そして, この λ を式 (3.19) に掛けた

$$e^{\int p(x)dx}(p(x)y - q(x))dx + e^{\int p(x)dx}dy = 0 \tag{3.21}$$

は完全微分方程式になります.

このとき, 式 (3.21) の dy の係数部分はある関数 $f(x, y)$ を y で偏微分したものに

なるため
$$\frac{\partial f}{\partial y} = e^{\int p(x)dx}$$
が成り立ちます．f を求めるために上式を y で積分すれば A を x の任意関数として
$$f(x,y) = ye^{\int p(x)dx} + A(x) \tag{3.22}$$
となります．この式を x で微分したものが完全微分方程式 (3.21) の dx の係数部分に等しいため
$$\begin{aligned}\frac{\partial f}{\partial x} &= yp(x)e^{\int p(x)dx} + \frac{dA}{dx} \\ &= e^{\int p(x)dx}(p(x)y - q(x))\end{aligned}$$
が成り立ちます．

したがって，
$$\frac{dA}{dx} = -q(x)e^{\int p(x)dx}$$
より
$$A(x) = -\int q(x)e^{\int p(x)dx}dx$$
が得られます．これを式 (3.22) に代入して
$$f(x,y) = C \quad (\text{定数})$$
としたものが一般解になります．見やすくするために，得られた式を y について解けば
$$y = e^{-\int p(x)dx}\left(\int e^{\int p(x)dx}q(x)dx + C\right)$$
となります．これはすでに求めた公式 (2.22) と一致します．この例から 1 階線形微分方程式は積分因子 (3.20) をもつことがわかります． □

問 3.5 次の微分方程式に対して，積分因子を求めた上で，一般解を求めなさい．
$$ydx - (x+y)dy = 0$$

方程式 (3.15) は形によっては，例題 3.5 の中で用いた方法によって簡単に解けることがあります．その場合，以下の関係式（いくつかはすでに前節で示しています）は有用です．

(1) $d(xy) = ydx + xdy$

(2) $d(x^2 \pm y^2) = 2xdx \pm 2ydy$

(3) $d\left(\dfrac{y}{x}\right) = \dfrac{xdy - ydx}{x^2}, \quad d\left(\dfrac{x}{y}\right) = \dfrac{ydx - xdy}{y^2}$

(4) $d\left(\tan^{-1}\dfrac{y}{x}\right) = \dfrac{xdy - ydx}{x^2 + y^2}, \quad d\left(\tan^{-1}\dfrac{x}{y}\right) = \dfrac{ydx - xdy}{x^2 + y^2}$

(5) $d\left(\dfrac{x-y}{x+y}\right) = \dfrac{2ydx - 2xdy}{(x+y)^2}, \quad d\left(\dfrac{x+y}{x-y}\right) = \dfrac{2xdy - 2ydx}{(x-y)^2}$

(6) $d\left(\log\dfrac{y-x}{y+x}\right) = \dfrac{2xdy - 2ydx}{y^2 - x^2}$

例題を通してこれらの関係式の使い方を示します.

例題 3.7 微分方程式
$$xdy - ydx - 2y(x^2 + y^2)dy = 0$$
の一般解を求めなさい.

【解】 両辺を $x^2 + y^2$ で割り,上の関係式 (4) を用いれば
$$\dfrac{xdy - ydx}{x^2 + y^2} - 2ydy = d\left(\tan^{-1}\dfrac{y}{x}\right) - d(y^2)$$
$$= d\left(\tan^{-1}\dfrac{y}{x} - y^2\right)$$

となります.したがって,一般解は
$$\tan^{-1}\dfrac{y}{x} = y^2 + C$$

または
$$x = \dfrac{y}{\tan(y^2 + C)}$$

となります. □

問 3.6 次の微分方程式の一般解を求めなさい.
(1) $xdy - ydx + (x-y)^2 ydy = 0$
(2) $(3x + y)dx + (3y + x)dy = 0$

3.3 非正規形

本節では非正規形の微分方程式を取り扱いますが，慣例にしたがって

$$p = \frac{dy}{dx}$$

とおくことにします．**非正規形の 1 階微分方程式**とは，微分方程式が x, y, p の複雑な関数で，p について解くことができない場合を指します．非正規形よりも簡単であると考えられる正規形方程式でも，今まで述べてきた方法（一括して求積法とよびます）で必ずしも解が求まるとは限りません．したがって，非正規形の微分方程式はごく特殊な場合を除いて現実には解は求まりません．本節では解が求まる特殊な非正規形の微分方程式について議論します．

まず，非正規形の方程式

$$F(x, y, p) = 0 \tag{3.23}$$

が p については解きにくいけれども，x について解ける場合，すなわち

$$x = f(y, p) \tag{3.24}$$

の場合を考えます．この場合，上式を y について微分すると解けることがあります．まず例を示します．

例題 3.8 1 階微分方程式 $x = p^2 - y$ の一般解を求めなさい（ただし $p = dy/dx$）．

【解】両辺を y で微分すれば，$dx/dy = 1/p$ であるため

$$\frac{1}{p} = 2p\frac{dp}{dy} - 1$$

すなわち，

$$\frac{dp}{dy} = \frac{p+1}{2p^2}$$

となります．これは変数分離形であり

$$\int \frac{p^2}{p+1}\frac{dp}{dy}dy = \frac{1}{2}\int dy = \frac{y}{2} + C_1$$

と書けますが，左辺の積分を実行すれば

$$\int \left(\frac{p^2-1}{p+1} + \frac{1}{p+1}\right) dp = \int \left(p - 1 + \frac{1}{p+1}\right) dp$$
$$= \frac{p^2}{2} - p + \log|p+1|$$

となります．したがって，

$$p^2 - 2p + \log(p+1)^2 - y = C$$

が得られます．この式は p を含んでいるため，もう 1 度積分しなければならないように見えますが，実はその必要はありません．なぜなら，もとの方程式

$$p^2 = x + y$$

と組にして考えれば，x と y がパラメータ p を通して結びついている式とみなすことができるからです．したがって，p をパラメータとしてここにあげた 2 つの式が解になります．もちろん，p が簡単に消去できる場合には p を消去して x と y の関係にしておくと普通の意味での解になります．この例では $p^2 = x + y$ から得られる $p = \pm\sqrt{x+y}$ を用いれば，解は

$$x - 2(\pm\sqrt{x+y}) + \log(\pm\sqrt{x+y} + 1)^2 = C$$

になります．　　　　　　　　　　　　　　　　　　　　　　　　　　　　　□

この例題を一般化すると次のようになります．式 (3.24) の両辺を y で微分すると，f が y と p の関数であることに注意して

$$\frac{dx}{dy} = \frac{\partial f}{\partial y} + \frac{\partial f}{\partial p}\frac{dp}{dy}$$

となります[†]．ここで

$$\frac{dx}{dy} = \frac{1}{dy/dx} = \frac{1}{p}$$

であるので，上の微分方程式は

[†] わかりにくければ次のように考えます．すなわち x は y の関数と考えられるので $p = 1/(dx/dy)$ も y の関数になり

$$\frac{dx}{dy} = \frac{d}{dy}f(y, p(y)) = \frac{\partial f}{\partial y}\frac{dy}{dy} + \frac{\partial f}{\partial p}\frac{dp}{dy} = \frac{\partial f}{\partial y} + \frac{\partial f}{\partial p}\frac{dp}{dy} \quad \left(\because \frac{dy}{dy} = 1\right)$$

$$\frac{dp}{dy} = \frac{1/p - \partial f/\partial y}{\partial f/\partial p} \tag{3.25}$$

と書き換えられます．この微分方程式は y を独立変数，p を未知関数とする正規形の 1 階微分方程式になっています．

そこで，もし方程式 (3.25) がなんらかの方法で解けて，任意定数 C を含んだ一般解

$$p = g(y, C) \quad (C：任意定数)$$

が得られたとします．このとき，上式ともとの微分方程式 (3.24) から p を消去した

$$x = f(y, g(y, C))$$

が一般解になります．また，式 (3.25) の一般解が p について解きにくく

$$z(y, p, C) = 0 \tag{3.26}$$

という形になった場合には，p を消去しなくても x と y が式 (3.24) と (3.26) によってパラメータ p を介して結びついていると解釈すれば一般解が得られたことになります．

同様に方程式 (3.23) が p について解きにくいけれども，y について解けて

$$y = f(x, p) \tag{3.27}$$

という形に書ける場合を考えます．この場合には両辺を x で微分すれば，$p = dy/dx$ なので

$$p = \frac{\partial f}{\partial x} + \frac{\partial f}{\partial p}\frac{dp}{dx}$$

すなわち，x を独立変数，p を未知数とする正規形の方程式

$$\frac{dp}{dx} = \frac{p - \partial f/\partial x}{\partial f/\partial p} \tag{3.28}$$

が得られます．この方程式の一般解が

$$p = g(x, C)$$

という形で得られればこの式と方程式 (3.27) から p を消去すれば，もとの方程式の一般解が x と y の関数として得られます．また解が

$$z(x, p, C) = 0 \tag{3.29}$$

という形で p を消去することが困難な場合であっても，前と同様，式 (3.27) と (3.29) をパラメータ p を介した x と y の関数と見なせば一般解になります．

問 3.7 次の非正規形の微分方程式の一般解を求めなさい（ただし，$p = dy/dx$）．
(1) $xp^2 = 1$
(2) $y = p - p^2$

クレローの微分方程式 微分方程式

$$y = xp + f(p) \tag{3.30}$$

はクレロー (Clairaut) の微分方程式とよばれています．この方程式は y について解けた形になっています．したがって，上述の手順と同様に両辺を x で微分します．その結果，

$$p = p + x\frac{dp}{dx} + \frac{df}{dp}\frac{dp}{dx}$$

すなわち，

$$\frac{dp}{dx}\left(x + \frac{df}{dp}\right) = 0$$

が得られます．このとき次の2つの可能性があります．

まず，$dp/dx = 0$ の場合には $p = C$ (定数) であり，これを式 (3.30) に代入して任意定数 C を含む一般解

$$y = Cx + f(C) \tag{3.31}$$

が得られます．

一方，$x + df/dp = 0$ の場合には式 (3.30) を考慮して

$$x = -\frac{df}{dp}, \quad y = -p\frac{df}{dp} + f(p) \tag{3.32}$$

をパラメータ p を介した x と y の関係式とみなせば任意定数を含まない解が得られます．解 (3.32) は通常，一般解 (3.31) の任意定数にどのような値を代入しても得られないため第1章で述べた特異解になっています．このように非正規形の方程式は正規形には現れなかった特異解をもつことがあります．

例題3.9 微分方程式 $y = xp + \sqrt{1+p^2}$ の一般解と，特異解をもつならばそれを求めなさい（ただし，$p = dy/dx$）．

【解】 クレローの方程式であるため，両辺を x で微分して

$$p = p + x\frac{dp}{dx} + \frac{p}{\sqrt{1+p^2}}\frac{dp}{dx}$$

が得られます．これより

$$\frac{dp}{dx} = 0 \quad \text{または} \quad x = -\frac{p}{\sqrt{1+p^2}}$$

となります．前者から解として $p = C$ が求まるので，それを用いて一般解

$$y = Cx + \sqrt{1+C^2} \tag{3.33}$$

が得られます．一方，後者の

$$x = \frac{-p}{\sqrt{1+p^2}}$$

をもとの方程式に代入すれば

$$y = -\frac{p}{\sqrt{1+p^2}}p + \sqrt{1+p^2} = \frac{1}{\sqrt{1+p^2}} \tag{3.34}$$

となり，この式ともとの方程式から p を消去して

$$x^2 + y^2 = \frac{p^2}{1+p^2} + \frac{1}{1+p^2} = 1$$

が得られます．上式は原点中心の半径 1 の円を表していますが，式 (3.34) から $y \geq 0$ である必要があるためその上半分だけになります．

なお，円周上の一点 $(c, \sqrt{1-c^2})$ における接線の傾きは $-c/\sqrt{1-c^2}$ であるため，その点での**接線の方程式**は

$$y = -\frac{c}{\sqrt{1-c^2}}(x-c) + \sqrt{1-c^2} = -\frac{c}{\sqrt{1-c^2}}x + \frac{1}{\sqrt{1-c^2}}$$

です．この方程式は $C = -c/\sqrt{1-c^2}$ とおけば

$$y = Cx + \sqrt{1+C^2}$$

になります．これはもとの方程式の一般解 (3.33) に一致します．したがって，この場合，特異解は一般解（直線群）のつくる**包絡線**になっていることがわかります．　□

3.3 非正規形

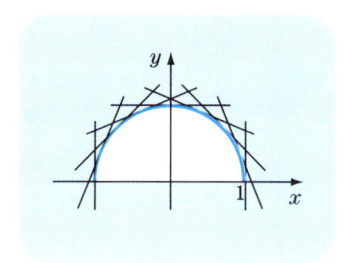

図 3.1

問 3.8 次のクレローの微分方程式の一般解と特異解を求めなさい（ただし $p = dy/dx$）．

(1) $y = px - \dfrac{4}{p}$ (2) $y = px - \log p$

ラグランジュの微分方程式　クレローの微分方程式を一般化した次の形の方程式

$$y = xg(p) + f(p) \tag{3.35}$$

をラグランジュ(Lagrange)の微分方程式とよんでいます．この場合も y について解かれた形をしています．そこで，一般的な手順にしたがって両辺を x で微分すると

$$p = g(p) + x\frac{dg}{dp}\frac{dp}{dx} + \frac{df}{dp}\frac{dp}{dx}$$

になります．したがって，

$$(g(p) - p)\frac{dx}{dp} + \frac{dg}{dp}x = -\frac{df}{dp}$$

が得られます．

はじめに $g(p) - p \neq 0$ の場合には上式は

$$\frac{dx}{dp} + \frac{dg/dp}{g(p) - p}x = -\frac{df/dp}{g(p) - p}$$

と書けますが，これは p を独立変数，x を未知関数とする線形 1 階微分方程式になっています．この方程式は，式 (2.22) を参考にすれば次の形の一般解をもつと予想されます．

$$x = Ca(p) + b(p)$$

この式と式 (3.35) から p を消去すれば（あるいは消去しなくても p をパラメータとみなせば）任意定数 C を含んだラグランジュの微分方程式の一般解が得られます．

次に $g(p) - p = 0$ の場合はクレローの微分方程式になります．したがって，式 (3.31) から p_0 を任意定数として

$$y = p_0 x + f(p_0)$$

が得られます．

例題 3.10 微分方程式

$$y = 3xp + p^2$$

の一般解を求めなさい（ただし $p = dy/dx$）．

【解】 両辺を x で微分すれば

$$p = 3p + 3x\frac{dp}{dx} + 2p\frac{dp}{dx}$$

すなわち

$$p\frac{dx}{dp} = -p - \frac{3}{2}x$$

となります．ここで $p \neq 0$ ならば線形微分方程式

$$\frac{dx}{dp} + \frac{3}{2p}x = -1$$

を解いて一般解

$$x = Cp^{-3/2} - \frac{2p}{5}$$

が求まります．この式ともとの方程式を，パラメータ p を介した関係式とみなせばそれが一般解になります．

$p = 0$ の場合にはもとの方程式から $y = 0$ が得られます．これはパラメータ表示の式の特別な場合とみなせるため一般解の中に含まれる特解になっています． □

問 3.9 次のラグランジュの微分方程式の一般解を求めなさい（ただし $p = dy/dx$）．

$$y = x(1 + p) - p^2$$

第 3 章の演習問題

1 次の微分方程式の一般解を求めなさい（完全形）．
(1) $(-5x + 2y)dx + (2x + 3y)dy = 0$
(2) $(-x^2 + y^2)dx + y(2x + y)dy = 0$
(3) $\dfrac{2xdx}{y} - \left(1 + \dfrac{x^2}{y^2}\right)dy = 0$
(4) $(\sin y + y\cos x)dx + (\sin x + x\cos y)dy = 0$

2 次の微分方程式の一般解を求めなさい（積分因子）．
(1) $5ydx + 2xdy = 0$
(2) $(2x^2 - 3xy)dx - x^2 dy = 0$
(3) $ydx + (-x + y^2 \cos y)dy = 0$
(4) $(y - xy^2)dx + (x + x^2 y)dy = 0$

3 次の微分方程式の一般解と特異解を求めなさい（非正規形）．ただし $p = dy/dx$.
(1) $y = xp - \dfrac{p^3}{3}$
(2) $y = xp^2 - p$
(3) $y = xp + \cos p$
(4) $y = x(p - 1) + \dfrac{1}{2}p^2$

4 $p = dy/dx$ とおいたとき
$$p^n + A_1(x,y)p^{n-1} + \cdots + A_{n-1}(x,y)p + A_n(x,y) = 0$$
という微分方程式が因数分解できて
$$(p - f_1(x,y))(p - f_2(x,y))\cdots(p - f_n(x,y)) = 0$$
となったとします．このとき，1 階微分方程式
$$p = f_1(x,y), \quad p = f_2(x,y), \quad \cdots, \quad p = f_n(x,y)$$
の一般解を
$$u_1(x,y,c_1) = 0, \quad u_2(x,y,c_2) = 0, \quad \cdots, \quad u_n(x,y,c_n) = 0$$
とすれば，もとの微分方程式の一般解は
$$u_1(x,y,c_1)u_2(x,y,c_2)\cdots u_n(x,y,c_n) = 0$$
となります．このことを利用して次の微分方程式の一般解を求めなさい．
(1) $x^2 p^2 + 7xyp + 6y^2 = 0$
(2) $p^3 + (x - y)p^2 - xyp = 0$

第4章

特殊な2階微分方程式

本章では 2 階微分方程式の解法について述べます．4.1 節では 1 階微分方程式になおせる特殊な場合について議論します．4.2 節と 4.3 節では係数がすべて定数である定数係数の 2 階線形微分方程式の解法を詳しく述べます．

本章の内容

1 階微分方程式に帰着できる場合
定数係数 2 階線形同次微分方程式
定数係数 2 階線形微分方程式

4.1 1階微分方程式に帰着できる場合

たとえ形の上では **2階微分方程式**であっても，簡単な置き換えなどを行うことにより1階微分方程式に変形できる場合があります．本節ではそのような場合を取り扱います．

(a) y と dy/dx を含まない場合

この場合は x と d^2y/dx^2 だけを含むので，正規形は

$$\frac{d^2y}{dx^2} = f(x) \tag{4.1}$$

になります．右辺に $y, dy/dx$ がないため，x で積分できて

$$\frac{dy}{dx} = \int \frac{d^2y}{dx^2} dx$$
$$= \int f(x)dx + C_1$$

となります．なお，不定積分の形で解を表しているので上式の最後の右辺に任意定数を書く必要は必ずしもありませんが，以下に示す最終結果に1次式も含まれることを強調したいため任意定数 C_1 を付け加えてあります[†]．上式の右辺は x だけの関数なので，もう1度 x で積分できて

$$y = \int \frac{dy}{dx} dx$$
$$= \int \left(\int f(x)dx \right) dx + C_1 x + C_2$$

が得られます．たとえば $f(x) = 2x$ のときは解は次のようになります．

$$y = \int \left(\int 2x dx \right) dx + C_1 x + C_2$$
$$= \int x^2 dx + C_1 x + C_2 = \frac{x^3}{3} + C_1 x + C_2$$

[†] このように必ずしも任意定数を書く必要がなくても，書いた方が誤解なく計算できる場合には任意定数を書くことにします．

4.1 1階微分方程式に帰着できる場合

例題 4.1 次の微分方程式

$$\frac{d^2y}{dx^2} = \log x$$

の一般解を求めなさい．

【解】 x で積分すれば

$$\begin{aligned}\frac{dy}{dx} &= \int (1 \times \log x)dx \\ &= x\log x - \int \left(x \times \frac{1}{x}\right)dx \\ &= x\log x - x + C_1\end{aligned}$$

となり，もう 1 度 x で積分すれば

$$\begin{aligned}y &= \int x \times \log x\, dx - \int x\, dx + C_1 \int dx \\ &= \frac{x^2}{2}\log x - \int \frac{x^2}{2} \times \frac{1}{x}dx - \frac{1}{2}x^2 + C_1 x + C_2 \\ &= \frac{x^2}{2}\log x - \frac{3}{4}x^2 + C_1 x + C_2\end{aligned}$$

が得られます．ただし C_1, C_2 は任意定数です． □

問 4.1 次の微分方程式の一般解を求めなさい．

(1) $\dfrac{d^2y}{dx^2} = x + 1$

(2) $\dfrac{d^2y}{dx^2} = \dfrac{1}{x}$

(b) x と dy/dx を含まない場合

この場合は y の関数と d^2y/dx^2 だけを含むので，正規形は

$$\frac{d^2y}{dx^2} = f(y) \tag{4.2}$$

となります．この方程式は両辺に $2(dy/dx)$ を掛けると解くことができます．まず例題でこのことを示してみます．

例題 4.2 次の微分方程式の一般解を求めなさい．
$$\frac{d^2y}{dx^2} = -y$$

【解】 両辺に $2(dy/dx)$ を掛ければ

$$2\frac{dy}{dx}\frac{d^2y}{dx^2} = -2y\frac{dy}{dx}$$

となりますが，左辺に関係式

$$\frac{d}{dx}\left(\frac{dy}{dx}\right)^2 = 2\frac{dy}{dx}\frac{d^2y}{dx^2}$$

を用いれば，

$$\frac{d}{dx}\left(\frac{dy}{dx}\right)^2 = -2y\frac{dy}{dx}$$

と変形できます．この式を x で積分すれば

$$\left(\frac{dy}{dx}\right)^2 = -2\int y\frac{dy}{dx}dx = -y^2 + C_1$$

となるため

$$\frac{dx}{dy} = \pm\frac{1}{\sqrt{C_1 - y^2}}$$

が得られます．そこで y で積分すれば

$$x = \pm\int\frac{dy}{\sqrt{C_1 - y^2}}$$

となります．右辺の積分を計算するために

$$y = \sqrt{C_1}\sin t \quad \text{したがって} \quad dy = \sqrt{C_1}\cos t dt$$

とおけば

$$x = \pm\int\frac{\sqrt{C_1}\cos t}{\sqrt{C_1}\sqrt{1-\sin^2 t}}dt$$
$$= \pm\int dt = \pm t + C_2$$
$$= \pm\sin^{-1}\left(\frac{y}{\sqrt{C_1}}\right) + C_2$$

4.1　1階微分方程式に帰着できる場合

となります．この式から，C_2, C_3 を任意定数として一般解
$$y = C_3 \sin(x - C_2)$$
が得られます $(C_3 = \pm\sqrt{C_1})$．　　　　　　　　　　　　　　　　　　　　□

式 (4.2) を解く場合も両辺に $2dy/dx$ をかければ
$$\frac{d}{dx}\left(\frac{dy}{dx}\right)^2 = 2f(y)\frac{dy}{dx}$$
と変形できます．この式を x で積分すれば
$$\text{左辺} = \left(\frac{dy}{dx}\right)^2, \quad \text{右辺} = 2\int f(y)\frac{dy}{dx}dx = 2\int f(y)dy$$
となるため
$$\left(\frac{dy}{dx}\right)^2 = 2\int f(y)dy + C_1$$
すなわち，
$$\frac{dy}{dx} = \pm\sqrt{2\int f(y)dy + C_1}$$
となります．これは
$$\frac{dx}{dy} = \pm\frac{1}{\sqrt{2\int f(y)dy + C_1}}$$
と同じなので単純な積分形の 1 階微分方程式になっています．そこで，両辺を y で積分すれば一般解として
$$x = \pm\int \frac{dy}{\sqrt{2\int f(y)dy + C_1}} + C_2 \tag{4.3}$$
が得られます．

問 4.2　次の微分方程式の一般解を求めなさい．
$$\frac{d^2y}{dx^2} = \frac{1}{y^3}$$

(c) x と y を含まない場合

この場合の正規形は

$$\frac{d^2y}{dx^2} = f\left(\frac{dy}{dx}\right) \tag{4.4}$$

となるため，この式において

$$p = \frac{dy}{dx}$$

とおきます．左辺は

$$\frac{d^2y}{dx^2} = \frac{d}{dx}\left(\frac{dy}{dx}\right) = \frac{dp}{dx}$$

となるため，式 (4.4) は p に関する 1 階微分方程式

$$\frac{dp}{dx} = f(p)$$

とみなせます．この方程式は

$$\frac{dx}{dp} = \frac{1}{f(p)}$$

と同じであるため積分形であり，p で積分すれば

$$x = \int \frac{dp}{f(p)} + C_1$$

となります．この式を p について解けば

$$p = \frac{dy}{dx} = g(x, C_1)$$

という形の解が得られます[†]．そこで上式を x で積分すればもとの方程式の一般解

$$y = \int g(x, C_1)dx + C_2$$

が得られます．

[†] p について解きにくければ，微分方程式 (3.24) の解法にしたがいます．

4.1　1階微分方程式に帰着できる場合

例題 4.3　次の微分方程式の一般解を求めなさい．
$$\frac{d^2y}{dx^2} - \left(\frac{dy}{dx}\right)^2 + 1 = 0$$

【解】
$$p = \frac{dy}{dx}$$

とおけば，
$$\frac{dp}{dx} = p^2 - 1$$

すなわち
$$\frac{dx}{dp} = \frac{1}{p^2 - 1}$$

となります．この式を p について積分すれば，
$$x = \int \frac{dp}{p^2 - 1} = \frac{1}{2}\int \left(\frac{1}{p-1} - \frac{1}{p+1}\right) dp$$

が得られます．右辺の積分を実行すれば
$$x = \frac{1}{2} \log \frac{p-1}{p+1} + C_0$$

となり，さらに p について解けば
$$p = \frac{dy}{dx} = \frac{2}{1 - Ce^{2x}} - 1 = \frac{1 + Ce^{2x}}{1 - Ce^{2x}}$$

となります $(C = e^{2C_0})$．この式の両辺を x で積分すれば（右辺の積分は $t = e^x$ とおけば実行できますが，下の式を x で微分して確かめて下さい）
$$y = x - \log(C_1 - e^{2x}) + C_2$$

という一般解が得られます $(C_1 = 1/C,\ C_2$ は任意定数$)$．　□

問 4.3　次の微分方程式の一般解を求めなさい．

(1) $\dfrac{d^2y}{dx^2} + \dfrac{dy}{dx} = 0$

(2) $\dfrac{d^2y}{dx^2} + \left(\dfrac{dy}{dx}\right)^2 = 0$

(d) y を含まない場合

次の微分方程式

$$F\left(x, \frac{dy}{dx}, \frac{d^2y}{dx^2}\right) = 0 \tag{4.5}$$

が y を含まない場合の正規形です．この式において $p = dy/dx$ とおけば

$$F\left(x, p, \frac{dp}{dx}\right) = 0$$

となるため，p に関する 1 階微分方程式を解くことになります．この方程式の一般解が求まって，

$$p = \frac{dy}{dx} = g(x, C_1)$$

の形で得られれば，もう 1 度積分して一般解

$$y = \int g(x, C_1) dx + C_2$$

が求まります．ただし，C_1 と C_2 は任意定数です．

例題 4.4 次の微分方程式の一般解を求めなさい．

$$x\frac{d^2y}{dx^2} + \frac{dy}{dx} = 3x$$

【解】 $dy/dx = p$ とおけば，

$$x\frac{dp}{dx} + p = 3x \quad \text{すなわち} \quad \frac{dp}{dx} + \frac{p}{x} = 3$$

という 1 階線形微分方程式が得られます．定数変化法を用いて解くため，右辺を 0 とおくと，

$$\frac{dp}{dx} = -\frac{p}{x} \quad \text{すなわち} \quad \frac{dp}{p} = -\frac{dx}{x}$$

となるので両辺を積分すれば

$$\log|p| = -\log|x| + C_1 \quad \text{すなわち} \quad p = \frac{A}{x}$$

が得られます．次にこの解の任意定数 A を x の関数としてもとの 1 階線形方程式に代入すれば

$$\frac{dp}{dx} + \frac{p}{x} = \frac{1}{x}\frac{dA}{dx} - \frac{A}{x^2} + \frac{A}{x^2} = 3 \quad \text{から} \quad A = \frac{3}{2}x^2 + C_2$$

となり，

$$p\left(= \frac{dy}{dx}\right) = \frac{3x}{2} + \frac{C_2}{x}$$

という一般解が得られます．そこで，もう 1 度 x で積分すれば

$$y = \frac{3}{4}x^2 + B\log|x| + C$$

というもとの 2 階微分方程式の一般解が得られます．ただし，B, C は任意定数です．

□

問 4.4　次の微分方程式の一般解を求めなさい．

(1) $\dfrac{d^2y}{dx^2} + \dfrac{dy}{dx} = 2x$

(2) $x\dfrac{d^2y}{dx^2} + \dfrac{dy}{dx} = 2x$

(e)　x を含まない場合

次の微分方程式

$$F\left(y, \frac{dy}{dx}, \frac{d^2y}{dx^2}\right) = 0 \tag{4.6}$$

が x を含まない場合の一般形です．この式で $p = dy/dx$ とおけば

$$\frac{d^2y}{dx^2} = \frac{dp}{dx} = \frac{dp}{dy}\frac{dy}{dx} = p\frac{dp}{dy} \tag{4.7}$$

であるため，式 (4.6) は

$$F\left(y, p, p\frac{dp}{dy}\right) = 0$$

となります．y を独立変数，p を未知関数と考えれば上式は p に関する 1 階微分方程式とみなせます．この方程式をなんらかの方法で解くことができたとします．このとき一般解を

$$p = \frac{dy}{dx} = g(y, C_1)$$

と書くことにすれば，もとの 2 階微分方程式の一般解は

$$x = \int \frac{dy}{g(y, C_1)} + C_2$$

になります．

例題 4.5 次の微分方程式の定数以外の一般解を求めなさい．

$$(1+y)\frac{d^2y}{dx^2} + \left(\frac{dy}{dx}\right)^2 = 0$$

【解】 $p = dy/dx$ とおけばもとの微分方程式は式 (4.7) を参照して

$$(1+y)p\frac{dp}{dy} + p^2 = 0 \quad \text{すなわち} \quad \frac{1}{p}\frac{dp}{dy} = -\frac{1}{1+y}$$

になります (y は定数ではないので $p \neq 0$ を用いました)．y で積分すれば

$$\int \frac{1}{p}\frac{dp}{dy}dy \left(= \int \frac{dp}{p}\right) = -\int \frac{dy}{1+y}$$

より，

$$\log|p| = -\log|1+y| + C_1$$

すなわち

$$p\left(= \frac{dy}{dx}\right) = \frac{C_2}{1+y}$$

となります（C_1, C_2 は任意定数）．この方程式は

$$\frac{dx}{dy} = \frac{1+y}{C_2}$$

と書けるため，もう 1 度 y で積分して

$$x = A\left(y + \frac{y^2}{2}\right) + B$$

という一般解が得られます．ただし，A, B は任意定数です． □

問 4.5 次の微分方程式の一般解を求めなさい．

(1) $y\frac{d^2y}{dx^2} + \left(\frac{dy}{dx}\right)^2 - 1 = 0$ (2) $y\frac{d^2y}{dx^2} - \left(\frac{dy}{dx}\right)^2 = 0$

4.2 定数係数 2 階線形同次微分方程式

定数係数 2 階線形同次微分方程式は a, b, c を定数として

$$a\frac{d^2y}{dx^2} + b\frac{dy}{dx} + cy = 0 \tag{4.8}$$

の形をした微分方程式のことを指します.

式 (4.8) の 1 つの特解として

$$y = e^{\lambda x} \tag{4.9}$$

を仮定します.ただし,λ は定数です.式 (4.9) を 1 回および 2 回微分すれば

$$\frac{dy}{dx} = \lambda e^{\lambda x}$$

$$\frac{d^2y}{dx^2} = \lambda^2 e^{\lambda x}$$

となり,これらの関係を式 (4.8) に代入すれば

$$(a\lambda^2 + b\lambda + c)e^{\lambda x} = 0$$

になります.ここで $e^{\lambda x}$ は 0 にならないため,両辺を $e^{\lambda x}$ で割れば,λ が満たすべき関係式として

$$a\lambda^2 + b\lambda + c = 0 \tag{4.10}$$

が得られます.この方程式をもとの微分方程式に対する**特性方程式**とよんでいます.

式 (4.10) は 2 次方程式なので,簡単に解くことができます.そして,その解を式 (4.9) に代入すれば微分方程式 (4.8) の特解が得られます.その場合,2 次方程式 (4.10) の係数から作った判別式

$$D = b^2 - 4ac$$

の正負により,特性方程式の解は以下の 3 種類に分類されます.

> (1) $D > 0$ のとき特性方程式は異なる 2 実根
> (2) $D < 0$ のとき特性方程式は共役 2 複素根
> (3) $D = 0$ のとき特性方程式は重根

この中で (3) の場合を除き，2 つの異なる根 λ_1 と λ_2 に対応して 2 つの特解 $e^{\lambda_1 x}$ と $e^{\lambda_2 x}$ が得られます．この 2 つの特解から

$$y = C_1 e^{\lambda_1 x} + C_2 e^{\lambda_2 x} \quad (C_1, C_2 : 任意定数) \tag{4.11}$$

という式を作れば，これも微分方程式の解になります．なぜなら，式 (4.11) を式 (4.8) に代入すれば，

$$a\frac{d^2}{dx^2}(C_1 e^{\lambda_1 x} + C_2 e^{\lambda_2 x}) + b\frac{d}{dx}(C_1 e^{\lambda_1 x} + C_2 e^{\lambda_2 x}) + c(C_1 e^{\lambda_1 x} + C_2 e^{\lambda_2 x})$$
$$= C_1 \left(a\lambda_1^2 + b\lambda_1 + c\right) e^{\lambda_1 x} + C_2 \left(a\lambda_2^2 + b\lambda_2 + c\right) e^{\lambda_2 x}$$
$$= C_1 \times 0 \times e^{\lambda_1 x} + C_2 \times 0 \times e^{\lambda_2 x} = 0$$

となり微分方程式 (4.8) を満たすからです．

式 (4.11) は 2 つの任意定数を含んでいるため微分方程式 (4.8) の一般解になります．(3) については解は 1 つしかないため，一般解を得るためにはもう 1 つの解を見つける必要がありますが，その求め方については後で述べます．以下にそれぞれの場合についてもう少し詳しく調べてみます．

(1) $D = b^2 - 4ac > 0$ の場合

この場合は 2 実根をもつため，それらを λ_1, λ_2 とすれば

$$\lambda_1 = \frac{-b + \sqrt{b^2 - 4ac}}{2a}$$
$$\lambda_2 = \frac{-b - \sqrt{b^2 - 4ac}}{2a}$$

となります．一般解は

$$y = C_1 e^{\lambda_1 x} + C_2 e^{\lambda_2 x} \tag{4.12}$$

です．ただし C_1, C_2 は任意定数です．

4.2 定数係数 2 階線形同次微分方程式

(2) $D = b^2 - 4ac < 0$ の場合

この場合は共役 2 複素根

$$\lambda_1 = \alpha + i\beta, \quad \lambda_2 = \alpha - i\beta$$

をもちます. ただし

$$\alpha = -\frac{b}{2a}, \quad \beta = \frac{\sqrt{4ac - b^2}}{2a}$$

です. したがって, 一般解は

$$\begin{aligned} y &= C_3 e^{(\alpha+i\beta)x} + C_4 e^{(\alpha-i\beta)x} \\ &= e^{\alpha x}(C_3 e^{i\beta x} + C_4 e^{-i\beta x}) \end{aligned} \tag{4.13}$$

となります. ただし, 解には複素数の指数関数を含んでいます. そこで**オイラーの公式**

$$e^{\pm i\theta} = \cos\theta \pm i\sin\theta \quad (複号同順) \tag{4.14}$$

を用いて, 虚数の指数関数を三角関数で表現することにすると

$$\begin{aligned} y &= e^{\alpha x}\Big(C_3(\cos\beta x + i\sin\beta x) + C_4(\cos\beta x - i\sin\beta x)\Big) \\ &= e^{\alpha x}\Big(i(C_3 - C_4)\sin\beta x + (C_3 + C_4)\cos\beta x\Big) \end{aligned}$$

となります.

まとめると $D < 0$ のとき, 特性方程式の共役複素根を $\alpha \pm i\beta$ とすれば, 一般解は

$$y = e^{\alpha x}(C_1 \sin\beta x + C_2 \cos\beta x) \tag{4.15}$$

になります. ただし, $C_1 = i(C_3 - C_4)$, $C_2 = C_3 + C_4$ は任意定数です.

問 4.6 式 (4.12) は $\alpha = -b/2a$ と $\beta = \sqrt{b^2 - 4ac}/2a$ とおけば,

$$y = e^{\alpha x}(C_5 \sinh\beta x + C_6 \cosh\beta x) \tag{4.16}$$

と書けることを示しなさい (C_5, C_6 : 任意定数).

(3) $D = b^2 - 4ac = 0$ の場合

この場合は重根 $\lambda = -b/(2a)$ をもつため, 1 つの解は

$$y_1 = e^{-bx/(2a)}$$

となります．もう 1 つの解を求めるには

$$y = u(x)y_1(x) = u(x)e^{-bx/(2a)} \tag{4.17}$$

とおいて，式 (4.8) に代入します†．

このとき y の導関数は

$$\frac{dy}{dx} = \frac{du}{dx}y_1 + u\frac{dy_1}{dx}$$

$$\frac{d^2y}{dx^2} = \frac{d^2u}{dx^2}y_1 + 2\frac{du}{dx}\frac{dy_1}{dx} + u\frac{d^2y_1}{dx^2}$$

であるため，式 (4.8) は

$$ay_1\frac{d^2u}{dx^2} + \left(2a\frac{dy_1}{dx} + by_1\right)\frac{du}{dx} + \left(a\frac{d^2y_1}{dx^2} + b\frac{dy_1}{dx} + cy_1\right)u = 0 \tag{4.18}$$

となります．一方，du/dx の係数は

$$2a\frac{dy_1}{dx} + by_1 = 2a \times \left(-\frac{b}{2a}\right)e^{-bx/(2a)} + be^{-bx/(2a)} = 0$$

というように 0 になり，u の係数も y_1 が方程式 (4.8) の解であることから 0 になります．したがって，式 (4.18) は

$$\frac{d^2u}{dx^2} = 0$$

と簡単化されて，そのもっとも簡単な特解は $u = x$ となります．これを式 (4.17) に代入すれば，もとの方程式のもう 1 つの特解として

$$y = xe^{-bx/(2a)}$$

が得られます．以上のことから $D = 0$ の場合の一般解は

$$y = (C_1 + C_2 x)e^{-bx/(2a)} \tag{4.19}$$

となります．ただし C_1, C_2 は任意定数です．

---

† この方法は定数係数の微分方程式のみならず線形の微分方程式に対して有効な方法です．

4.2 定数係数2階線形同次微分方程式

例題 4.6 次の同次方程式の一般解を求めなさい．

(1) $\dfrac{d^2y}{dx^2} - \dfrac{dy}{dx} - 6y = 0$

(2) $\dfrac{d^2y}{dx^2} - 4\dfrac{dy}{dx} + 4y = 0$

(3) $\dfrac{d^2y}{dx^2} - 2\dfrac{dy}{dx} + 10y = 0$

【解】 (1) 特性方程式は
$$\lambda^2 - \lambda - 6 = (\lambda - 3)(\lambda + 2) = 0$$
となります．この方程式の解は $\lambda = 3, -2$ であるため一般解は次式で与えられます．
$$y = C_1 e^{3x} + C_2 e^{-2x}$$

(2) 特性方程式は
$$\lambda^2 - 4\lambda + 4 = (\lambda - 2)^2 = 0$$
となります．この方程式の解は $\lambda = 2$（重根）であるため一般解は次式で与えられます．
$$y = (C_1 + C_2 x)e^{2x}$$

(3) 特性方程式は
$$\lambda^2 - 2\lambda + 10 = 0$$
です．この方程式の解は
$$\lambda = 1 + 3i, 1 - 3i$$
であるので一般解は次式で与えられます．
$$\begin{aligned}
y &= C_3 e^{(1+3i)x} + C_4 e^{(1-3i)x} \\
&= e^x((C_3 + C_4)\cos 3x + i(C_3 - C_4)\sin 3x) \\
&= e^x(C_1 \sin 3x + C_2 \cos 3x) \quad (C_1 = i(C_3 - C_4), C_2 = C_3 + C_4)
\end{aligned}$$
□

問 4.7 次の微分方程式の一般解を求めなさい

(1) $\dfrac{d^2y}{dx^2} - \dfrac{dy}{dx} - 12y = 0$

(2) $\dfrac{d^2y}{dx^2} - 8\dfrac{dy}{dx} + 16y = 0$

(3) $\dfrac{d^2y}{dx^2} + 6\dfrac{dy}{dx} + 10y = 0$

4.3 定数係数2階線形微分方程式

定数係数2階線形微分方程式は a, b, c を定数として

$$a\frac{d^2y}{dx^2} + b\frac{dy}{dx} + cy = f(x) \tag{4.20}$$

の形をした方程式のことをいいます．ここで右辺に既知の関数 $f(x)$ があるところが前節の微分方程式と異なる点で，**非同次方程式**ともよばれています．

実は，非同次方程式の一般解は同次方程式の一般解 (4.11) に非同次方程式の1つの特解 y_p を加えたもの

$$y = C_1 y_1 + C_2 y_2 + y_p \tag{4.21}$$

になります．実際，$y_h = C_1 y_1 + C_2 y_2$ は同次方程式の一般解であり，y_p は非同次方程式の特解なので

$$a\frac{d^2 y_h}{dx^2} + b\frac{dy_h}{dx} + cy_h = 0$$

$$a\frac{d^2 y_p}{dx^2} + b\frac{dy_p}{dx} + cy_p = f(x)$$

が成り立ちます．そこで，これらを加え合わせると

$$a\frac{d^2}{dx^2}(y_p + y_h) + b\frac{d}{dx}(y_p + y_h) + c(y_p + y_h) = f(x)$$

となるため，式 (4.21) が式 (4.20) を満たすことがわかります．しかも式 (4.21) には任意定数が2つあるため，一般解になっています．まとめると

$$\text{（非同次方程式の一般解）}$$
$$= \text{（同次方程式の一般解）} + \text{（非同次方程式の1つの特解）} \tag{4.22}$$

となります[†]．

同次方程式の一般解は前節で求めたため，以下では非同次方程式の特解の1つを求めることにします．この場合，$f(x)$ の形により以下の (1)〜(3) のようにします．

[†] このことは一般に線形微分方程式に対して階数によらず成り立つ事実です．

4.3 定数係数2階線形微分方程式

$$(1)^\dagger \quad f(x) = (a_0 + a_1 x + \cdots + a_n x^n)e^{\alpha x} \quad (a_n \neq 0)$$

α が同次方程式に対する特性方程式 (4.10) の根と一致しなければ

$$y = (b_0 + b_1 x + \cdots + b_n x^n)e^{\alpha x} \tag{4.23}$$

とおきます.

α が特性方程式の根と一致する場合には次のようにします. もし特性方程式が重根をもたなければ

$$y = x(b_0 + b_1 x + \cdots + b_n x^n)e^{\alpha x} \tag{4.24}$$

とおき，もつ場合には

$$y = x^2(b_0 + b_1 x + \cdots + b_n x^n)e^{\alpha x} \tag{4.25}$$

とおきます. これらの方程式を式 (4.20) に代入して, x のベキを比較して未知の係数 $b_0, b_1, \cdots, b_n$ を決めます. なお, (1) の式で $a_0 \sim a_{n-1}$ が 0 であっても式 (4.23)～(4.25) のようにおきます.

例題 4.7 次の微分方程式の一般解を求めなさい.

(1) $\dfrac{d^2 y}{dx^2} - 3\dfrac{dy}{dx} + 2y = e^x$ (2) $\dfrac{d^2 y}{dx^2} - 4\dfrac{dy}{dx} + 4y = e^{2x}(1 - x^2)$

【解】 (1) 同次方程式の特性方程式は

$$\lambda^2 - 3\lambda + 2 = (\lambda - 1)(\lambda - 2) = 0$$

です. この方程式の解は $\lambda = 1, 2$ で重根ではありませんが, $\lambda = 1$ が α と一致します. そこで式 (4.24) から $y = b_0 x e^x$ とおいてもとの方程式に代入します.

$$\frac{dy}{dx} = b_0 e^x + b_0 x e^x, \quad \frac{d^2 y}{dx^2} = 2b_0 e^x + b_0 x e^x$$

が成り立つため,

$$2b_0 e^x + b_0 x e^x - 3(b_0 e^x + b_0 x e^x) + 2b_0 x e^x = -b_0 e^x = e^x$$

となります. したがって, $b_0 = -1$ となり, もとの方程式の一般解は次のようになります.

$$y = C_1 e^x + C_2 e^{2x} - x e^x$$

---

† $\alpha = 0$ を含みます.

(2) 同次方程式の特性方程式は
$$\lambda^2 - 4\lambda + 4 = (\lambda - 2)^2 = 0$$
となります．この方程式の解は $\lambda = 2$ で重根であり，また α と一致します．したがって，式 (4.25) から
$$y = x^2(b_0 + b_1 x + b_2 x^2)e^{2x}$$
$$= (b_0 x^2 + b_1 x^3 + b_2 x^4)e^{2x}$$
とおき，もとの方程式に代入します．その結果
$$(2b_0 + 6b_1 x + 12b_2 x^2)e^{2x} = (1 - x^2)e^{2x}$$
となるため，
$$b_0 = \frac{1}{2}, \quad b_1 = 0, \quad b_2 = -\frac{1}{12}$$
が得られます．したがって，一般解は
$$y = (C_1 + C_2 x)e^{2x} + \left(\frac{1}{2} - \frac{1}{12}x^2\right)x^2 e^{2x}$$
になります． □

---

(2)　$f(x) = (a_0 + a_1 x + \cdots + a_n x^n)e^{\alpha x}\cos\beta x$
　　または　$f(x) = (a_0 + a_1 x + \cdots + a_n x^n)e^{\alpha x}\sin\beta x$

この場合 $f(x)$ はオイラーの公式によって
$$f(x) = (a_0 + a_1 x + \cdots + a_n x^n)e^{(\alpha + i\beta)x}$$
の実数部または虚数部とみなすことができます．そこで，特性方程式の根と α との関係によって，特解を式 (4.23)～(4.25) の形（ただしこの場合 b_0～b_n は複素数）に仮定してもとの方程式に代入し，cos の場合は実数部を，sin の場合には虚数部を比較することにより未定の係数を決めます．

例題 4.8　次の微分方程式の一般解を求めなさい．
$$\frac{d^2 y}{dx^2} + y = (7 + 5x)e^x \cos x$$

4.3 定数係数2階線形微分方程式

【解】 右辺は
$$(7+5x)e^{(1+i)x}$$
の実部になります．一方，同次方程式の特性方程式は
$$\lambda^2 + 1 = 0$$
であり，解は $\pm i$ となり，α と一致しません．そこで，式 (4.23) から
$$y = (b_0 + b_1 x)e^{(1+i)x}$$
とおいてもとの方程式に代入します．その結果，
$$(b_0 + 2b_1) + 2i(b_1 + b_0) + b_1(1+2i)x = 7 + 5x$$
となります（ただし $e^{(1+i)x}$ で約しています）．x の係数を比較すれば
$$b_1 = 5/(1+2i) = 1 - 2i$$
となり，これを
$$b_0 + 2b_1 + 2i(b_1 + b_0) = 7$$
に代入すれば，$b_0 = 1$ になります．したがって
$$y = \Big(1 + (1-2i)x\Big)e^{(1+i)x} = e^x\Big((1+x) - 2ix\Big)(\cos x + i \sin x)$$
となるため，実部をとった上で同次方程式の一般解を加えれば次のようになります．
$$y = C_1 \cos x + C_2 \sin x - e^x\Big((1+x)\cos x + 2x \sin x\Big) \qquad \square$$

> (3) $f(x) = f_1(x) + f_2(x) + \cdots + f_m(x)$ で $f_1(x), f_2(x), \cdots, f_m(x)$ が (1) または (2) の場合

この場合は $f(x)$ のかわりに $f_1(x), f_2(x), \cdots, f_m(x)$ とした方程式の特解 $y_1, y_2, \cdots, y_m$ を求めます．このときもとの方程式の特解は
$$y = y_1 + y_2 + \cdots + y_m$$
になります．

問 4.8 次の定数係数の微分方程式の一般解を求めなさい．

(1) $\dfrac{d^2 y}{dx^2} + \dfrac{dy}{dx} - 2y = 3 - 2x$ (2) $\dfrac{d^2 y}{dx^2} - 3y = e^{2x} \sin x$

なお，$f(x)$ が上記のどの場合にも属さない場合であっても，もとの同次方程式の 1 つの特解 y_1 が求まっていれば $y = uy_1$ とおくことにより非同次方程式の解を求めることができます†．実際，$y = uy_1$ を式 (4.20) に代入すれば，式 (4.18) を参照して

$$ay_1 \frac{d^2 u}{dx^2} + \left(2a \frac{dy_1}{dx} + by_1\right) \frac{du}{dx} = f(x) \tag{4.26}$$

となります．式 (4.18) の u の係数が消えているのは y_1 が同次方程式の解であるからです．式 (4.26) は $du/dx = p$ とおけば 1 階線形微分方程式

$$\frac{dp}{dx} + \left(\frac{2}{y_1} \frac{dy_1}{dx} + \frac{b}{a}\right) p = \frac{f(x)}{ay_1} \tag{4.27}$$

となるため，式 (2.23) を参照すれば

$$p \left(= \frac{du}{dx}\right) = Ca(x) + b(x)$$

という形の解をもちます．これをもう 1 度積分すると任意定数を 2 つ含んだ解が得られます．非同次方程式の一般解はこの解に y_1 を掛けたものになります．

補足 **オイラーの微分方程式**　a, b, c を実定数としたとき，微分方程式

$$ax^2 \frac{d^2 y}{dx^2} + bx \frac{dy}{dx} + cy = f(x) \tag{4.28}$$

を**オイラー (Eular) の微分方程式**といいます．この微分方程式は独立変数 x を変換

$$x = e^t \quad (t = \log x) \tag{4.29}$$

によって t にすることで定数係数の微分方程式に帰着できます．実際，変換 (4.29) を行うと

$$\frac{dy}{dx} = \frac{dy}{dt} \frac{dt}{dx} = \frac{1}{x} \frac{dy}{dt} \quad \left(\text{したがって} \quad \frac{d}{dx} = \frac{1}{x} \frac{d}{dt}\right)$$

$$\frac{d^2 y}{dx^2} = \frac{d}{dx} \left(\frac{1}{x} \frac{dy}{dt}\right) = -\frac{1}{x^2} \frac{dy}{dt} + \frac{1}{x} \frac{d}{dx} \left(\frac{dy}{dt}\right)$$

$$= -\frac{1}{x^2} \frac{dy}{dt} + \frac{1}{x^2} \frac{d}{dt} \left(\frac{dy}{dt}\right) = \frac{1}{x^2} \left(\frac{d^2 y}{dt^2} - \frac{dy}{dt}\right)$$

となるため，これらを式 (4.28) に代入すれば次の定数係数微分方程式が得られます．

$$a \frac{d^2 y}{dt^2} + (b - a) \frac{dy}{dt} + cy = f(e^t) \tag{4.30}$$

---

† 式 (4.17) でも類似の方法を用いましたが，この方法は定数係数ではない一般の線形微分方程式に対しても適用できます（後述）．

オイラーの微分方程式を解く場合，上述のとおり定数係数の微分方程式に変換して解けばよいのですが，別の方法として

$$y = e^{\lambda t} = (e^t)^\lambda = x^\lambda$$

とおいて λ を決めることもできます．これは，右辺が 0 の同次方程式の一般解を求める場合に，式 (4.30) では解を $y = e^{\lambda t}$ とおくことに対応しています．

非同次方程式を解く場合には，なんらかの方法で 1 つの特解を見つけ，同次方程式の一般解に加え合わせます．以下に例題によって実際の手続きを見てみます．

例題 4.9 次のオイラーの微分方程式の一般解を求めなさい．

(1) $x^2 \dfrac{d^2 y}{dx^2} - 3x \dfrac{dy}{dx} + 3y = 0$ (2) $x^2 \dfrac{d^2 y}{dx^2} - 3x \dfrac{dy}{dx} + 4y = 0$

【解】 どちらの場合も $y = x^\lambda$ とおき，もとの方程式に代入します．
このとき $x\,dy/dx = \lambda x^\lambda$, $x^2 d^2 y/dx^2 = \lambda(\lambda - 1) x^\lambda$ であるため次のようになります．
(1) $(\lambda(\lambda-1) - 3\lambda + 3) x^\lambda = (\lambda-1)(\lambda-3) x^\lambda = 0$ から $\lambda = 1, 3$ となります．したがって，一般解は C_1, C_2 を任意定数として次のようになります．

$$y = C_1 x + C_2 x^3$$

(2) $(\lambda(\lambda-1) - 3\lambda + 4) x^\lambda = (\lambda-2)^2 x^\lambda = 0$ から $\lambda = 2$（重根）となります．定数係数の方程式で重根の場合にはもう 1 つの解が $te^{\lambda t}$ であったことに対応して，$x^\lambda \log x$ になります．したがって，この場合の一般解は

$$y = C_1 x^2 + C_2 x^2 \log x$$

で与えられます． □

上の例では現れませんでしたが，λ に関する 2 次方程式が複素根 $\alpha \pm i\beta$ をもつこともあります．このとき形式的には複素数指数のベキ関数

$$x^{\alpha+i\beta}, \quad x^{\alpha-i\beta}$$

が現れます．その場合には

$$x^{\alpha \pm i\beta} = x^\alpha e^{\pm i\beta \log x} = x^\alpha \left(\cos(\beta \log x) \pm i \sin(\beta \log x) \right) \quad (4.31)$$

と解釈します．

第 4 章の演習問題

1 次の微分方程式の一般解を求めなさい．

(1) $y\dfrac{d^2y}{dx^2} + \left(\dfrac{dy}{dx}\right)^2 - 4 = 0$

(2) $\dfrac{d^2y}{dx^2} + \left(\dfrac{dy}{dx}\right)^2 + 1 = 0$

(3) $(1+x^2)\dfrac{d^2y}{dx^2} - \left(\dfrac{dy}{dx}\right)^2 - 1 = 0$

(4) $2x\dfrac{d^2y}{dx^2}\dfrac{dy}{dx} = \left(\dfrac{dy}{dx}\right)^2 - 1$

(5) $(y^2-4)\dfrac{d^2y}{dx^2} = y\left(\dfrac{dy}{dx}\right)^2$

(6) $\dfrac{d^2y}{dx^2} + \left(1+\left(\dfrac{dy}{dx}\right)^2\right)^{3/2} = 0$

2 次の定数係数の微分方程式の一般解を求めなさい．

(1) $\dfrac{d^2y}{dx^2} - 7\dfrac{dy}{dx} + 6y = 0$

(2) $\dfrac{d^2y}{dx^2} + 3\dfrac{dy}{dx} + 2y = e^{-x}$

(3) $\dfrac{d^2y}{dx^2} - 2\dfrac{dy}{dx} + y = 2\cos x$

(4) $\dfrac{d^2y}{dx^2} - \dfrac{dy}{dx} - 2y = x^2 + 1$

3 次のオイラーの微分方程式の一般解を求めなさい．

(1) $x^2\dfrac{d^2y}{dx^2} + x\dfrac{dy}{dx} - y = 0$

(2) $x^2\dfrac{d^2y}{dx^2} + 6x\dfrac{dy}{dx} + 4y = x^2$

第5章

2階線形微分方程式と級数解法

　本章では2階線形微分方程式について述べます．これは実用上重要な方程式です．5.1節では一般的なことがらを述べますが，残念ながら1階線形微分方程式のような公式の形の解は得られず，また多くの場合，初等関数の解をもちません．そこで，解が必要な場合には級数解法とよばれる方法を用います．この方法は解を無限級数の形に仮定してもとの方程式に代入して，方程式を満足するように級数の係数を決める方法です．この方法はすべての微分方程式に適用できるわけではありませんが，初等関数で表せない解をもつ方程式に対して有力な手段を与えます．また，特別な技巧は必要ではなく機械的に計算できるという利点もあります．5.2節では簡単な例をあげて級数解法について概略を説明します．5.3節では応用上重要な2階線形微分方程式に対してどのような場合に級数解法が適用できるかについて議論します．

本章の内容

2階線形微分方程式
級数解法の例
2階線形微分方程式の級数解法

5.1 2階線形微分方程式

2階線形微分方程式とは，

$$\frac{d^2y}{dx^2} + p(x)\frac{dy}{dx} + q(x)y = r(x) \tag{5.1}$$

という形の微分方程式です[†]．定数係数2階微分方程式の場合と同じく式 (5.1) において $r(x) = 0$ の場合を同次形（同次方程式），$r(x) \neq 0$ の場合を非同次形（非同次方程式）とよんで区別します．すなわち，同次方程式とは

$$\frac{d^2y}{dx^2} + p(x)\frac{dy}{dx} + q(x)y = 0 \tag{5.2}$$

の形の微分方程式です．同次方程式 (5.2) の2つの特解を y_1 と y_2 にした場合[††]，定数係数の場合と同様に方程式 (5.2) の一般解は A_1 と A_2 を任意定数として

$$y = A_1 y_1 + A_2 y_2 \tag{5.3}$$

で表されます．

変数係数の線形微分方程式を解く場合，定数係数の場合と同様に，同次方程式の特解を（少なくとも1つ）求めることが重要です．なぜなら，以下に示すように同次方程式の特解が1つ（あるいは2つ）求まれば，非同次方程式の一般解が求められるからです[†††]．その意味で同次方程式の解のことを基本解とよぶことがあります．ただし，定数係数の場合と異なり変数係数の同次方程式を解く一般的な方法は存在しません．

以下に同次方程式 (5.2) の特解がわかっている場合に非同次方程式 (5.1) の一般解を求める方法を説明します．

[†] 2階微分の係数に関数 $s(x)$ が掛かっている

$$s(x)\frac{d^2y}{dx^2} + p_0(x)\frac{dy}{dx} + q_0(x)y = r_0(x)$$

を2階線形微分方程式ということもありますが，両辺を $s(x)$ で割れば式 (5.1) の形になるため，今後式 (5.1) の形で議論します．

[††] ただし，y_2 は y_1 の単なる定数倍ではなく別の関数とします．

[†††] 非同次方程式の特解は同次方程式の解を求めるのには役に立ちません．

(a) 同次方程式の特解が 1 つ求まっている場合

特解を y_1 とします．この場合は，定数係数の場合と同様に

$$y = u(x)y_1(x) \tag{5.4}$$

と仮定して式 (5.1) に代入することにより，非同次方程式の一般解が求まります．はじめに例を示したあとで，その理由を考えることにします．

例題 5.1 次の微分方程式の一般解を求めなさい．

$$(x^2 - 1)\frac{d^2y}{dx^2} + 2x\frac{dy}{dx} - 2y = 3x$$

【解】 視察により $y = x$ が右辺を 0 とおいた同次方程式の 1 つの特解になっていることが確かめられます．そこで式 (5.4) を参考に $y = xu$ とおいて，もとの方程式に代入します．このとき

$$\frac{dy}{dx} = u + x\frac{du}{dx}, \quad \frac{d^2y}{dx^2} = 2\frac{du}{dx} + x\frac{d^2u}{dx^2}$$

であるため，もとの方程式は

$$(x^3 - x)\frac{d^2u}{dx^2} + (4x^2 - 2)\frac{du}{dx} = 3x$$

となります．ここで $v = du/dx$ とおけば，1 階線形微分方程式

$$\frac{dv}{dx} + \frac{4x^2 - 2}{x(x-1)(x+1)}v = \frac{3}{x^2 - 1}$$

が得られます．公式 (2.22) において

$$p = \frac{4x^2 - 2}{x(x-1)(x+1)}, \quad q = \frac{3}{x^2 - 1}$$

とおけば

$$\int p\,dx = \int \left(\frac{2}{x} + \frac{1}{x-1} + \frac{1}{x+1}\right) dx$$
$$= 2\log|x| + \log|x-1| + \log|x+1|$$
$$= \log|x^2(x^2-1)|$$
$$e^{-\int p\,dx} = \frac{1}{x^2(x^2-1)}$$

$$\int q e^{\int p\,dx}\,dx = \int \frac{3x^2(x^2-1)}{x^2-1}\,dx = x^3$$

より

$$v\left(=\frac{du}{dx}\right) = \frac{1}{x^2(x^2-1)}(x^3+C_1) = \frac{x}{x^2-1} + \frac{C_1}{x^2(x^2-1)}$$

$$= \frac{x}{x^2-1} + C_1\left\{\frac{1}{2}\left(\frac{1}{x-1}-\frac{1}{x+1}\right)-\frac{1}{x^2}\right\}$$

となります．この式を積分すれば

$$u = \frac{1}{2}\log|x^2-1| + \frac{C_1}{2}\log\left|\frac{x-1}{x+1}\right| + \frac{C_1}{x} + C_2$$

であり，一般解は $y = xu$ すなわち

$$y = \frac{x}{2}\log|x^2-1| + \frac{C_1 x}{2}\log\left|\frac{x-1}{x+1}\right| + C_2 x + C_1$$

となります． □

式 (5.4) で非同次方程式の一般解が求まる理由は以下のとおりです．すなわち，この置き換えにより，式 (5.1) は式 (4.18) を導いたのと同様の手続きで

$$y_1\frac{d^2u}{dx^2} + \left(2\frac{dy_1}{dx}+py_1\right)\frac{du}{dx} + \left(\frac{d^2y_1}{dx^2}+p\frac{dy_1}{dx}+qy_1\right)u = r(x)$$

が得られます．このとき，左辺の u の係数は 0 になり，さらに

$$\frac{du}{dx} = v$$

とおけば上式は v に関する線形1階微分方程式

$$\frac{dv}{dx} + \left(\frac{2}{y_1}\frac{dy_1}{dx}+p\right)v = \frac{r(x)}{y_1} \tag{5.5}$$

になります．したがって，式 (2.22) を用いて解くことができます．式 (5.4) という置き換えで解を求める方法を**ダランベールの階数降下法**とよんでいます．

問 5.1 次の方程式の一般解を同次方程式の特解（括弧内）を利用して求めなさい．

$$x^2\frac{d^2y}{dx^2} - 2x\frac{dy}{dx} + 2y = x^3 \quad (y=x)$$

(b) 同次方程式の特解が2つ求まっている場合

1階線形微分方程式に適用した定数変化法は2階線形微分方程式にも拡張できます．前項と同様にまず例題を示したあとで，一般的な議論を行います．

例題 5.2 次の微分方程式の一般解を求めなさい．

$$x^2 \frac{d^2y}{dx^2} - 2x\frac{dy}{dx} + 2y = x^3 e^x$$

【解】 はじめに，右辺を0にした同次方程式を解きます．これは4.3節でとりあげたオイラーの微分方程式なので

$$y = x^\lambda$$

とおいて微分方程式に代入します．その結果

$$(\lambda^2 - 3\lambda + 2)x^\lambda = 0$$

となるため，$\lambda = 1, 2$ であり，一般解として

$$y = A_1 x + A_2 x^2 \tag{5.6}$$

が得られます．定数変化法とは任意定数を x の関数とみなす方法であるため，式 (5.6) の A_1, A_2 を x の関数と考えます．式 (5.6) を x で微分すると

$$\frac{dy}{dx} = A_1 + 2A_2 x + \left(x\frac{dA_1}{dx} + x^2\frac{dA_2}{dx}\right) \tag{5.7}$$

となりますが，A_1 と A_2 の導関数を含んだ部分（上式の括弧内）に新たな条件

$$x\frac{dA_1}{dx} + x^2\frac{dA_2}{dx} = 0 \tag{5.8}$$

を課します．この手続きは1階の場合には現れなかったのですが，2階の場合には決めるべき関数が A_1 と A_2 の2つあるため必要になります．この条件のもとで式 (5.7) は

$$\frac{dy}{dx} = A_1 + 2A_2 x$$

となり，さらにもう1度微分します．その結果，

$$\frac{d^2y}{dx^2} = \frac{dA_1}{dx} + 2x\frac{dA_2}{dx} + 2A_2 \tag{5.9}$$

となります．式 (5.7)（ただし，右辺の括弧内は0）と式 (5.9) をもとの微分方程式に代入すれば

$$x^2\frac{dA_1}{dx} + 2x^3\frac{dA_2}{dx} = x^3 e^x \tag{5.10}$$

となります. 式 (5.8), (5.10) を $dA_1/dx, dA_2/dx$ に関する連立 2 元 1 次方程式とみなして解けば

$$\begin{cases} \dfrac{dA_1}{dx} = -xe^x \\ \dfrac{dA_2}{dx} = e^x \end{cases}$$

が得られます. そこで, この方程式を解けば

$$A_1 = -(x-1)e^x + C_1, \quad A_2 = e^x + C_2$$

となります. したがって, この関係を式 (5.6) に代入すれば, 一般解として

$$y = C_1 x + C_2 x^2 + xe^x$$

が求まります. □

以上の方法を一般化してみます. 同次方程式の一般解は式 (5.3) で与えられますが, **2 階微分方程式の定数変化法**では定数 A_1, A_2 を x の関数 $A_1(x), A_2(x)$ とみなし, 非同次方程式の解を

$$y = A_1(x)y_1(x) + A_2(x)y_2(x) \tag{5.11}$$

と仮定します. この式を x について微分すれば

$$\frac{dy}{dx} = A_1 \frac{dy_1}{dx} + A_2 \frac{dy_2}{dx} + y_1 \frac{dA_1}{dx} + y_2 \frac{dA_2}{dx} \tag{5.12}$$

となりますが, ここで A_1, A_2 に関する新たな条件

$$y_1 \frac{dA_1}{dx} + y_2 \frac{dA_2}{dx} = 0 \tag{5.13}$$

を課します. この条件のもとで式 (5.12) は

$$\frac{dy}{dx} = A_1 \frac{dy_1}{dx} + A_2 \frac{dy_2}{dx} \tag{5.14}$$

となりますが, もう 1 度微分すれば

$$\frac{d^2 y}{dx^2} = A_1 \frac{d^2 y_1}{dx^2} + A_2 \frac{d^2 y_2}{dx^2} + \frac{dA_1}{dx} \frac{dy_1}{dx} + \frac{dA_2}{dx} \frac{dy_2}{dx} \tag{5.15}$$

となります. 式 (5.14), (5.15) を式 (5.1) に代入すれば

$$A_1\left(\frac{d^2y_1}{dx^2}+p\frac{dy_1}{dx}+qy_1\right)+A_2\left(\frac{d^2y_2}{dx^2}+p\frac{dy_2}{dx}+qy_2\right)+\frac{dA_1}{dx}\frac{dy_1}{dx}+\frac{dA_2}{dx}\frac{dy_2}{dx}=r$$

という式が得られます. y_1, y_2 が方程式 (5.2) の解であるため, 上式は

$$\frac{dy_1}{dx}\frac{dA_1}{dx}+\frac{dy_2}{dx}\frac{dA_2}{dx}=r \tag{5.16}$$

と簡単化されます. 式 (5.13), (5.16) を $dA_1/dx, dA_2/dx$ に対する連立 2 元 1 次方程式とみなして $dA_1/dx, dA_2/dx$ について解けば,

$$\begin{cases} \dfrac{dA_1}{dx}=-\dfrac{r(x)y_2(x)}{W[y_1,y_2]} \\ \dfrac{dA_2}{dx}=\dfrac{r(x)y_1(x)}{W[y_1,y_2]} \end{cases} \tag{5.17}$$

となります. ただし, $W[y_1, y_2]$ は次式で定義されます†.

$$W[y_1,y_2]=\begin{vmatrix} y_1 & y_2 \\ \dfrac{dy_1}{dx} & \dfrac{dy_2}{dx} \end{vmatrix}=y_1\frac{dy_2}{dx}-y_2\frac{dy_1}{dx} \tag{5.18}$$

方程式 (5.17) を積分すれば,

$$\begin{cases} A_1(x)=-\displaystyle\int\frac{r(x)y_2(x)}{W[y_1,y_2]}dx+C_1 \\ A_2(x)=\displaystyle\int\frac{r(x)y_1(x)}{W[y_1,y_2]}dx+C_2 \end{cases}$$

が得られます. この式を式 (5.11) に代入すれば, 非同次方程式の一般解として

$$y=C_1y_1+C_2y_2-y_1\int\frac{ry_2}{W[y_1,y_2]}dx+y_2\int\frac{ry_1}{W[y_1,y_2]}dx \tag{5.19}$$

が得られます.

問 5.2 次の微分方程式の一般解を括弧内に示した特解を利用して求めなさい.

$$(x-1)\frac{d^2y}{dx^2}-x\frac{dy}{dx}+y=-(x-1)^2 \quad (y=x, y=e^x)$$

---

† 関数行列式またはロンスキアンといいます.

5.2 級数解法の例

はじめに，もっとも簡単な例として 1 階微分方程式

$$\frac{dy}{dx} - y = 0 \tag{5.20}$$

を取り上げます．**級数解法**では解を

$$y = \sum_{n=0}^{\infty} a_n x^n = a_0 + a_1 x + a_2 x^2 + \cdots \tag{5.21}$$

という**無限級数**の形に仮定します．式 (5.21) を項別に微分すれば

$$\frac{dy}{dx} = \sum_{n=1}^{\infty} n a_n x^{n-1} = a_1 + 2a_2 x + \cdots$$

となりますが，係数を決めるときに項をまとめやすいように上式で $n = m$ とした上で，$m - 1 = n$ とおいて総和に現れる x のベキが n からはじまるように

$$\frac{dy}{dx} = \sum_{m=1}^{\infty} m a_m x^{m-1} = \sum_{n=0}^{\infty} (n+1) a_{n+1} x^n \tag{5.22}$$

と変形しておきます．式 (5.22), (5.21) を式 (5.20) に代入すれば

$$\frac{dy}{dx} - y = \sum_{n=0}^{\infty} (n+1) a_{n+1} x^n - \sum_{n=0}^{\infty} a_n x^n$$
$$= \sum_{n=0}^{\infty} \left\{ (n+1) a_{n+1} - a_n \right\} x^n = 0$$

となります．この式が任意の x について成り立つためには，x のベキの係数がすべて 0 である必要があります．したがって，$n = 0, 1, 2, \cdots$ に対して

$$(n+1) a_{n+1} - a_n = 0 \quad \text{または} \quad a_{n+1} = \frac{1}{n+1} a_n$$

が成り立ちます．これは未知の係数を決めるための漸化式になっています．この漸化式から

$$a_n = \frac{1}{n} a_{n-1} = \frac{1}{n(n-1)} a_{n-2} = \cdots = \frac{1}{n!} a_0 \tag{5.23}$$

5.2 級数解法の例

というように係数 a_n が a_0 を用いて表せます．そこで，この a_n を式 (5.21) に代入すれば

$$y = \sum_{n=0}^{\infty} \frac{a_0}{n!} x^n = a_0 \left(1 + \frac{1}{1!}x + \frac{1}{2!}x^2 + \cdots \right) \tag{5.24}$$

となります ($0! = 1$)．ただし，a_0 は任意にとることができるため，もとの方程式の一般解に現れる任意定数に対応することがわかります．

級数解法では解をベキ級数で表しているため，その解が意味をもつためにはベキ級数が収束する必要があります．ベキ級数に対しては，ある R が存在して $|x| < R$ を満たす x に対して級数が収束し，$|x| > R$ に対して発散します．この R のことをベキ級数の**収束半径**とよんでいます．もし $R = \infty$ ならばすべての x に対して級数解は意味をもちますが，$R = 0$ ならば式 (5.21) の形の解は現実には役に立たないことになります．

一般にベキ級数の収束半径 R は係数 a_n から公式

$$\frac{1}{R} = \lim_{n \to \infty} \left| \frac{a_{n+1}}{a_n} \right| \tag{5.25}$$

（ダランベールの判定法）または

$$\frac{1}{R} = \varlimsup_{n \to \infty} |a_n|^{1/n} \tag{5.26}$$

（コーシー－アダマールの公式）を用いて計算できます†．今の場合は式 (5.25) を用いて

$$\frac{1}{R} = \lim_{n \to \infty} \frac{n!}{(n+1)!} = \lim_{n \to \infty} \frac{1}{n+1} = 0$$

となるので，$R = \infty$ すなわち，すべての x に対して収束します．

なお，式 (5.24) の右辺の括弧内は関数 e^x のマクローリン展開になっているため，

$$y = a_0 e^x$$

と書けます．もちろん，この解は式 (5.24) を変数分離法で解いた結果と一致します．

---

† $\varlimsup$ は上極限を意味します．

次に 2 階線形微分方程式の簡単な例として微分方程式

$$\frac{d^2y}{dx^2} + \omega^2 y = 0 \tag{5.27}$$

を，解として式 (5.21) を仮定して，級数解法で解いてみます．式 (5.21) を 2 回微分すれば

$$\frac{d^2y}{dx^2} = \sum_{n=2}^{\infty} n(n-1)a_n x^{n-2} = \sum_{m=2}^{\infty} m(m-1)a_m x^{m-2}$$

となります．係数がまとめやすくなるように最右辺の総和において $m-2=n$ とおいて x のベキが n になるように式を変形すると，

$$\frac{d^2y}{dx^2} = \sum_{n=0}^{\infty} (n+2)(n+1)a_{n+2} x^n$$

となります．上式と式 (5.21) を式 (5.27) に代入すると

$$\frac{d^2y}{dx^2} + \omega^2 y = \sum_{n=0}^{\infty} (n+2)(n+1)a_{n+2} x^n + \omega^2 \sum_{n=0}^{\infty} a_n x^n$$
$$= \sum_{n=0}^{\infty} \left\{ (n+2)(n+1)a_{n+2} + \omega^2 a_n \right\} x^n = 0$$

が得られます．この式が任意の x に対して成り立つためには x のベキの係数が 0，すなわち

$$(n+2)(n+1)a_{n+2} + \omega^2 a_n = 0 \quad \text{または} \quad a_{n+2} = -\frac{\omega^2}{(n+2)(n+1)} a_n$$

である必要があります．この式が係数を決めるための漸化式で，1 つおきに決まる形（a_n と a_{n+2} の関係）になっています．したがって，a_n は n が偶数の場合には a_0 を用い，n が奇数の場合には a_1 を用いて以下のように表すことができます．

$$a_2 = -\frac{\omega^2}{2 \cdot 1} a_0 = -\frac{\omega^2}{2!} a_0$$
$$a_4 = -\frac{\omega^2}{4 \cdot 3} a_2 = \frac{\omega^4}{4 \cdot 3 \cdot 2 \cdot 1} a_0 = \frac{\omega^4}{4!} a_0$$
$$\cdots$$
$$a_{2n} = \frac{(-1)^n \omega^{2n}}{(2n)!} a_0$$

5.2 級数解法の例

$$a_3 = -\frac{\omega^2}{3\cdot 2}a_1 = -\frac{\omega^2}{3!}a_1$$
$$a_5 = -\frac{\omega^2}{5\cdot 4}a_3 = \frac{\omega^4}{5\cdot 4\cdot 3\cdot 2}a_1 = \frac{\omega^4}{5!}a_1$$
$$\cdots$$
$$a_{2n+1} = \frac{(-1)^n \omega^{2n}}{(2n+1)!}a_1$$

これらを式 (5.21) に代入すれば

$$\begin{aligned}y &= \sum_{n=0}^{\infty} a_n x^n \\ &= \sum_{n=0}^{\infty} a_{2n} x^{2n} + \sum_{n=0}^{\infty} a_{2n+1} x^{2n+1} \\ &= a_0 \sum_{n=0}^{\infty} \frac{(-1)^n}{(2n)!}(\omega x)^{2n} + \frac{a_1}{\omega}\sum_{n=0}^{\infty} \frac{(-1)^n}{(2n+1)!}(\omega x)^{2n+1} \\ &= a_0 \left(1 - \frac{1}{2!}(\omega x)^2 + \frac{1}{4!}(\omega x)^4 - \cdots\right) + \frac{a_1}{\omega}\left(\omega x - \frac{1}{3!}(\omega x)^3 + \frac{1}{5!}(\omega x)^5 - \cdots\right)\end{aligned}$$

という解が得られます．各級数の収束半径はこの例でも無限大です．また，この解には任意に決めることができる定数 a_0, a_1 があるため，もとの 2 階微分方程式の一般解になっています．なお，$\cos\theta$ と $\sin\theta$ のマクローリン展開

$$\cos\theta = 1 - \frac{1}{2!}\theta^2 + \frac{1}{4!}\theta^4 - \frac{1}{6!}\theta^6 + \cdots$$
$$\sin\theta = \theta - \frac{1}{3!}\theta^3 + \frac{1}{5!}\theta^5 - \frac{1}{7!}\theta^7 + \cdots$$

を用いれば，$\theta = \omega x$ として一般解は

$$y = a_0 \cos\omega x + b_0 \sin\omega x$$

と書くことができます（$a_0, b_0 = a_1/\omega$ は任意定数）．

以上の 2 つの例では，無限級数の形で解が求まり，収束半径も無限大であり，しかもその無限級数を既知の関数で表すことができました．しかし，このような場合はむしろ例外で，無限級数が既知の関数で表せなかったり，収束半径に制限のつくことがふつうです．さらに式 (5.21) の形の解をもたない場合もあります．

式 (5.21) の形の解がない例として次の 1 階微分方程式

$$x\frac{dy}{dx} = x + y \tag{5.28}$$

を取り上げます．解を式 (5.21) の形に仮定して式 (5.28) に代入すれば，式 (5.22) を参照して

$$\begin{aligned}
x\frac{dy}{dx} - x - y &= x\sum_{n=1}^{\infty} na_n x^{n-1} - \sum_{n=0}^{\infty} a_n x^n - x \\
&= \sum_{n=1}^{\infty} na_n x^n - \left(a_0 + \sum_{n=1}^{\infty} a_n x^n\right) - x \\
&= \left(a_1 x + \sum_{n=2}^{\infty} na_n x^n\right) - \left(a_0 + a_1 x + \sum_{n=2}^{\infty} a_n x^n\right) - x \\
&= -a_0 - x + \sum_{n=2}^{\infty} (n-1) a_n x^n = 0
\end{aligned}$$

となります（総和の形にまとめやすいように，a_0 と a_1 を特別扱いにして，総和は $n=2$ からはじめています）．ところが，この式から x の項を消すことができないため任意の x に対して成り立つようにはできません．このことは方程式 (5.28) が式 (5.21) の形の解をもたないことを意味しています．

問 5.3 式 (5.28) の両辺を x で割れば 1 階線形微分方程式

$$\frac{dy}{dx} - \frac{y}{x} = 1$$

となるため，1 階線形微分方程式の解法 (2.4 節) により一般解を求め，ベキ級数の解をもたない理由を述べなさい．

問 5.4 次の微分方程式の一般解を級数の方法で求めなさい．

(1) $\dfrac{dy}{dx} - 2xy = 0$

(2) $\dfrac{d^2 y}{dx^2} - y = 0$

5.3　2階線形微分方程式の級数解法

本節では応用上重要な同次形の変数係数2階線形微分方程式

$$\frac{d^2y}{dx^2} + p(x)\frac{dy}{dx} + q(x)y = 0 \tag{5.29}$$

の級数解法を考えます．同次方程式にした理由は，第3章で述べたように非同次形の線形微分方程式の一般解は同次形の線形微分方程式の特解から求めることができるからです．

　言葉の定義からはじめます．ある関数 $f(x)$ が点 $x = \alpha$ で何回も微分できて連続である（無限回連続微分可能）ならば，この関数は点 $x = \alpha$ において**解析的**であるといいます．このとき関数 $f(x)$ は点 $x = \alpha$ のまわりで**テイラー展開**できて

$$f(x) = \sum_{n=0}^{\infty} a_n(x-\alpha)^n = a_0 + a_1(x-\alpha) + a_2(x-\alpha)^2 + \cdots \tag{5.30}$$

と書くことができます．関数 $f(x)$ が点 $x = \alpha$ で解析的でないときはその点で特異であるといい，点 $x = \alpha$ を**特異点**とよびます．

　さて，微分方程式 (5.29) において，関数 $p(x)$, $q(x)$ が点 $x = \alpha$ で解析的であるならば，点 $x = \alpha$ は微分方程式 (5.29) の**通常点（正則点）**とよびます．また，$p(x)$ と $q(x)$ のどちらか，あるいは両方で特異であれば，微分方程式の特異点とよびます．さらに，点 $x = \alpha$ が特異点であってもそれが

$$(x-\alpha)p(x), \quad (x-\alpha)^2 q(x)$$

の通常点であるならば，点 $x = \alpha$ は微分方程式 (5.30) の**確定特異点**とよびます．

　たとえば $x = 0$ は，微分方程式

$$\frac{d^2y}{dx^2} - \frac{2x}{1-x^2}\frac{dy}{dx} + \frac{a(a+1)}{1-x^2}y = 0$$

に対しては通常点，微分方程式

$$\frac{d^2y}{dx^2} + \frac{1}{x}\frac{dy}{dx} + \left(1 - \frac{1}{x^2}\right)y = 0$$

に対しては確定特異点になります．

以上のような言葉の定義のもとで線形 2 階微分方程式 (5.29) に対して次の事実が知られています.

> (1) 点 $x = \alpha$ が関数 $p(x)$ と $q(x)$ の通常点であるならば, 方程式 (5.29) は
> $$y = \sum_{n=0}^{\infty} a_n(x-\alpha)^n$$
> $$= a_0 + a_1(x-\alpha) + a_2(x-\alpha)^2 + \cdots \qquad (5.31)$$
> の形の解を 2 つもち, それらは一次独立になる[†].
> (2) 点 $x = \alpha$ が関数 $p(x)$ と $q(x)$ の確定特異点であるならば, 方程式 (5.29) は
> $$y = (x-\alpha)^\lambda \sum_{n=0}^{\infty} a_n(x-\alpha)^n$$
> $$= (x-\alpha)^\lambda (a_0 + a_1(x-\alpha) + a_2(x-\alpha)^2 + \cdots) \qquad (5.32)$$
> (ただし $a_0 \neq 0$) の形の解をもつ.

(2) において, 具体的な λ の値の求め方については以下に議論します. なお, 計算を簡単にして見通しをよくするため, $\alpha = 0$ すなわち $x = 0$ が確定特異点である場合を考えます. ただし, $\alpha \neq 0$ の場合でもあっても同様の議論ができます.

$x = 0$ が $p(x)$ と $q(x)$ の確定特異点であるため, $xp(x)$ と $x^2 q(x)$ に対しては通常点です. このとき, $xp(x)$ と $x^2 q(x)$ は x のベキ級数に展開できます (マクローリン展開). すなわち,

$$xp(x) = p_0 + p_1 x + p_2 x^2 + \cdots \qquad (5.33)$$

$$x^2 q(x) = q_0 + q_1 x + q_2 x^2 + \cdots \qquad (5.34)$$

となります. これらの式を $p(x)$ と $q(x)$ について解けば

$$p(x) = \frac{p_0}{x} + p_1 + p_2 x + \cdots$$

$$q(x) = \frac{q_0}{x^2} + \frac{q_1}{x} + q_2 + \cdots$$

[†] 2 つの関数が一次独立であるとは, 簡単にいえば 2 つの関数が全く異なった関数であり, 互いに他の定数倍では表せないような関数であることをいいます.

5.3　2 階線形微分方程式の級数解法

が得られますが，これらと

$$y = x^\lambda(a_0 + a_1 x + a_2 x^2 + \cdots) \quad (a_0 \neq 0) \tag{5.35}$$

および

$$\frac{dy}{dx} = a_0 \lambda x^{\lambda-1} + a_1(\lambda+1)x^\lambda + \cdots \tag{5.36}$$

$$\frac{d^2 y}{dx^2} = a_0 \lambda(\lambda-1)x^{\lambda-2} + a_1(\lambda+1)\lambda x^{\lambda-1} + \cdots \tag{5.37}$$

を方程式 (5.29) に代入して整理すれば

$$\begin{aligned}
\frac{d^2y}{dx^2} + p\frac{dy}{dx} + qy &= \Big(a_0\lambda(\lambda-1)x^{\lambda-2} + a_1\lambda(\lambda+1)x^{\lambda-1} + \cdots\Big) \\
&\quad + \Big(\frac{p_0}{x} + p_1 + p_2 x + \cdots\Big)\Big(a_0\lambda x^{\lambda-1} + a_1(\lambda+1)x^\lambda + \cdots\Big) \\
&\quad + \Big(\frac{q_0}{x^2} + \frac{q_1}{x} + q_2 + \cdots\Big)\Big(a_0 x^\lambda + a_1 x^{\lambda+1} + \cdots\Big) \\
&= \Big(a_0\lambda(\lambda-1) + p_0 a_0 \lambda + a_0 q_0\Big)x^{\lambda-2} \\
&\quad + \Big(a_1\lambda(\lambda+1) + p_1 a_0 \lambda + a_1 p_0(\lambda+1) + a_0 q_1 + a_1 q_0\Big)x^{\lambda-1} + \cdots \\
&= a_0\Big(\lambda(\lambda-1) + p_0\lambda + q_0\Big)x^{\lambda-2} \\
&\quad + \Big(a_1((\lambda+1)\lambda + p_0(\lambda+1) + q_0) + a_0(p_1\lambda + q_1)\Big)x^{\lambda-1} + \cdots \\
&= 0
\end{aligned}$$

となります．この式が任意の x について成立するので

$$a_0\Big(\lambda(\lambda-1) + p_0\lambda + q_0\Big) = 0$$

が成り立つ必要があります．$a_0 \neq 0$ と仮定したため，上式は λ に関する 2 次方程式

$$\lambda^2 + (p_0 - 1)\lambda + q_0 = 0 \tag{5.38}$$

であり，この方程式を解けば λ の値が定まります．2 次方程式 (5.38) を **決定方程式** とよんでいます．

証明しませんが，決定方程式の根を λ_1 と λ_2 としたとき，以下の事実が成り立つことが知られています．

(1) 式 (5.38) の 2 根の差が整数（0 を含む）でない場合，すなわち

$$\lambda_1 - \lambda_2 \neq 整数$$

の場合には 2 階線形微分方程式 (5.29) の 2 つの一次独立な解は次式で与えられる．

$$y_1(x) = x^{\lambda_1} \sum_{n=0}^{\infty} a_n x^n, \quad y_2(x) = x^{\lambda_2} \sum_{n=0}^{\infty} b_n x^n \tag{5.39}$$

(2) 式 (5.38) の 2 根の差が整数（0 を含む）である場合，すなわち

$$\lambda_1 - \lambda_2 = 整数$$

の場合には，2 階線形微分方程式 (5.29) は次の形の 2 つの一次独立な解をもつ．

$$y_1(x) = x^{\lambda_1} \sum_{n=0}^{\infty} a_n x^n, \quad y_2(x) = x^{\lambda_2} \sum_{n=0}^{\infty} b_n x^n + Cy_1(x) \log |x| \tag{5.40}$$

（ただし (1), (2) において $a_0 \neq 0, b_0 \neq 0$）

以下，この事実を用いて，2 階線形微分方程式の特解を級数の形で求める方法を例題によって示すことにします．

例題 5.3 次の微分方程式の解を級数解法で求めなさい．

$$4x \frac{d^2 y}{dx^2} + 2 \frac{dy}{dx} + y = 0$$

【解】 この方程式は両辺を x で割ると $x = 0$ が確定特異点であることがわかります．したがって，

$$y = \sum_{n=0}^{\infty} a_n x^{n+\lambda} \left(= \sum_{n=1}^{\infty} a_{n-1} x^{n+\lambda-1} \right) \tag{5.41}$$

とおいて，与式に代入します．このとき，

$$\frac{dy}{dx} = \sum_{n=0}^{\infty} a_n (n+\lambda) x^{n+\lambda-1}$$

$$\frac{d^2 y}{dx^2} = \sum_{n=0}^{\infty} a_n (n+\lambda)(n+\lambda-1) x^{n+\lambda-2}$$

5.3 2階線形微分方程式の級数解法

であるため

$$4x\frac{d^2y}{dx^2} + 2\frac{dy}{dx} + y$$
$$= \sum_{n=0}^{\infty} 4a_n(n+\lambda)(n+\lambda-1)x^{n+\lambda-1} + \sum_{n=0}^{\infty} 2a_n(n+\lambda)x^{n+\lambda-1} + \sum_{n=1}^{\infty} a_{n-1}x^{n+\lambda-1}$$
$$= 2a_0\Big(2\lambda(\lambda-1)+\lambda\Big)x^{\lambda-1} + \sum_{n=1}^{\infty}\Big(2(n+\lambda)(2n+2\lambda-1)a_n + a_{n-1}\Big)x^{n+\lambda-1} = 0$$

となります.したがって,決定方程式として,

$$2\lambda(\lambda-1) + \lambda = \lambda(2\lambda-1) = 0$$

が得られ,また係数間の関係として,

$$a_n = -\frac{1}{2(n+\lambda)(2n+2\lambda-1)}a_{n-1} \quad (n=1,2,\cdots) \tag{5.42}$$

が成り立ちます.決定方程式を解けば,$\lambda = 0$ および $\lambda = 1/2$ となるため,まず $\lambda = 0$ の場合を考えます.このとき,式 (5.42) は

$$a_n = -\frac{1}{2n(2n-1)}a_{n-1} = (-1)^2\frac{1}{2n(2n-1)}\frac{1}{(2n-2)(2n-3)}a_{n-2} = \cdots$$
$$= (-1)^n\frac{1}{2n(2n-1)}\frac{1}{(2n-2)(2n-3)}\cdots\frac{1}{2\cdot 1}a_0 = \frac{(-1)^n}{(2n)!}a_0$$

となり,解として

$$y_1 = a_0\sum_{n=0}^{\infty}\frac{(-1)^n}{(2n)!}x^n = a_0\sum_{n=0}^{\infty}\frac{(-1)^n}{(2n)!}(\sqrt{x})^{2n} = a_0\cos\sqrt{x}$$

が得られます.同様に,$\lambda = 1/2$ のとき,式 (5.42) は

$$a_n = -\frac{1}{(2n+1)(2n)}a_{n-1} = (-1)^2\frac{1}{(2n+1)(2n)}\frac{1}{(2n-1)(2n-2)}a_{n-2} = \cdots$$
$$= (-1)^n\frac{1}{(2n+1)(2n)}\frac{1}{(2n-1)(2n-2)}\cdots\frac{1}{3\cdot 2}a_1 = a_1\frac{(-1)^n}{(2n+1)!}$$

となり,解として

$$y_2 = a_1\sum_{n=0}^{\infty}\frac{(-1)^n}{(2n+1)!}x^{n+1/2} = a_1\sum_{n=0}^{\infty}\frac{(-1)^n}{(2n+1)!}(\sqrt{x})^{2n+1} = a_1\sin\sqrt{x}$$

が得られます.これらの解を用いれば,一般解は

$$y = C_1\sin\sqrt{x} + C_2\cos\sqrt{x}$$

となります. □

例題 5.4 次の微分方程式の解を級数解法で求めなさい．
$$x\frac{d^2y}{dx^2} - y = 0$$

【解】 この場合も $x = 0$ は確定特異点になるため，解を式 (5.41) の形に仮定し

$$y = \sum_{n=0}^{\infty} a_n x^{n+\lambda}$$

および式 (5.41) をもとの方程式に代入して整理すれば

$$\lambda(\lambda-1)a_0 x^{\lambda-1} + \sum_{n=0}^{\infty}\Big((n+\lambda+1)(n+\lambda)a_{n+1} - a_n\Big)x^{n+\lambda} = 0$$

になります．したがって，決定方程式および係数間の関係は

$$\lambda(\lambda-1) = 0$$
$$(n+\lambda)(n+\lambda+1)a_{n+1} = a_n \tag{5.43}$$

となります．$\lambda = 0$ のとき，式 (5.43) は

$$n(n+1)a_{n+1} = a_n$$

になりますが，$n = 0$ のとき，$a_0 = 0$ となり，$a_0 \neq 0$ と矛盾します．いいかえれば，このような形の解は存在しません．

次に $\lambda = 1$ のときは $(n+2)(n+1)a_{n+1} = a_n$ より

$$a_1 = \frac{1}{2\cdot 1}a_0, \quad a_2 = \frac{1}{3\cdot 2}a_1 = \frac{1}{3\cdot 2}\frac{1}{2\cdot 1}a_0, \quad \cdots$$

であるため

$$a_n = \frac{1}{(n+1)!n!}a_0$$

となります．したがって，解として

$$y_1 = a_0 x \sum_{n=0}^{\infty} \frac{1}{n!(n+1)!}x^n \tag{5.44}$$

が求まります．このように $\lambda = 0$ のときに解が求まらなかった原因は決定方程式の根の差が整数であったためで，別の方法でもう 1 つの解を探す必要があります．

そこで，ダランベールの階数降下法にしたがい，解を $y = y_1 u$ と仮定してもとの方程式に代入します．計算を実行すると，

$$x\frac{d^2}{dx^2}(y_1 u) - y_1 u = x\left(\frac{d^2 y_1}{dx^2}u + 2\frac{dy_1}{dx}\frac{du}{dx} + y_1\frac{d^2 u}{dx^2}\right) - y_1 u$$
$$= u\left(x\frac{d^2 y_1}{dx^2} - y_1\right) + x\left(y_1\frac{d^2 u}{dx^2} + 2\frac{dy_1}{dx}\frac{du}{dx}\right)$$
$$= x\left(y_1\frac{d^2 u}{dx^2} + 2\frac{dy_1}{dx}\frac{du}{dx}\right) = 0$$

となります．ただし，y_1 がもとの方程式の解であることを用いています．したがって，u に関する微分方程式は

$$y_1\frac{d^2 u}{dx^2} + 2\frac{dy_1}{dx}\frac{du}{dx} = 0$$

になりますが，$du/dx = p$ とおけば p に関する変数分離形の 1 階微分方程式

$$y_1\frac{dp}{dx} + 2\frac{dy_1}{dx}p = 0$$

すなわち

$$\frac{1}{p}\frac{dp}{dx} = -\frac{2}{y_1}\frac{dy_1}{dx}$$

となり，これを積分して

$$\log|p| = -2\log|y_1| + C$$

あるいは

$$p = \frac{A}{(y_1)^2}$$

という解が求まります（A：任意定数）．そこでもう 1 度積分して，

$$u = A\int \frac{dy}{(y_1)^2}$$

が得られるため，もう 1 つの解は

$$y = Ay_1\int \frac{dy}{(y_1)^2} \tag{5.45}$$

という形になります．

□

問 5.5 次の微分方程式の $x=0$（確定特異点）のまわりの級数解を求めなさい．

$$x(x-1)\frac{d^2 y}{dx^2} + (3x-1)\frac{dy}{dx} + y = 0$$

第 5 章の演習問題

1 同次方程式の 1 つの特解（括弧内）を用いて，次の線形微分方程式の一般解を求めなさい．

(1) $x\dfrac{d^2y}{dx^2} - (2x+1)\dfrac{dy}{dx} + 2y = 0 \quad (y = e^{2x})$

(2) $x^2\dfrac{d^2y}{dx^2} - 2x(1-x)\dfrac{dy}{dx} + 2(1-x)y = 0 \quad (y = x)$

2 同次方程式の 2 つの特解（括弧内）を用いて，次の線形微分方程式の一般解を求めなさい．

(1) $\dfrac{dy^2}{dx^2} - 4\dfrac{dy}{dx} + 3y = 2e^{3x} \quad (y = e^x, e^{3x})$

(2) $x\dfrac{d^2y}{dx^2} - (2x+1)\dfrac{dy}{dx} + (x+1)y = \dfrac{2e^x}{x} \quad (y = e^x, x^2e^x)$

3 $x = 0$ のまわりの級数解を求めなさい．

(1) $\dfrac{dy}{dx} - 8xy = 4x$

(2) $\dfrac{d^2y}{dx^2} - x\dfrac{dy}{dx} + y = 0$

4 $x = 0$ のまわりの級数解を求めなさい．

(1) $2x\dfrac{d^2y}{dx^2} + (x+3)\dfrac{dy}{dx} + 2y = 0$

(2) $x\dfrac{d^2y}{dx^2} + (x+2)\dfrac{dy}{dx} + y = 0$

5 式 (5.45) が式 (5.40) の第 2 式の形になることを示しなさい．

第6章

演算子と記号法

　本章では，第4章でも取り上げた定数係数の微分方程式をもう1度取り上げます．ただし第4章では2階微分方程式でしたが，本章では2階だけでなく3階以上の定数係数の高階微分方程式や連立微分方程式についても議論します．このような定数係数の常微分方程式には記号法または演算子法とよばれる方法が適用でき，積分するまでもなく代数的な演算だけで機械的に微分方程式を解くことができます．

本章の内容

微 分 演 算 子
定数係数線形同次微分方程式
逆 演 算 子
定数係数線形非同次微分方程式
定数係数線形連立微分方程式

6.1 微分演算子

x の関数 $y(x)$ を x で微分するとは，y にある演算を行って別の関数 dy/dx をつくる操作と考えることができます．この操作を記号 D で表すことにします．すなわち，

$$\frac{dy}{dx} = Dy$$

と記します．この D を**微分演算子**とよんでいます．また，「ある関数を微分し，それを a 倍する」という操作は D を用いれば

$$a\frac{dy}{dx} = aDy$$

と書くことができます．さらに「ある関数を微分したあとで a 倍したものと，もとの関数を b 倍したものを加える」という操作を考えます．この操作をふつうの式で表せば次のようになります．

$$a\frac{dy}{dx} + by$$

この操作は D を用いれば $aDy + by$ と表せますが，この手続きを新たな演算子 $aD + b$ を用いて

$$(aD + b)y$$

と記すこともできます．このような記号を用いた場合に，実際に計算するときには D を単なる文字とみなして分配法則により括弧をはずすと約束します．すなわち，

$$(aD + b)y = aDy + by = a\frac{dy}{dx} + by$$

のように計算します．

ある関数 y の 2 階微分とはその関数を微分した Dy をもう 1 回微分することなので DDy と表せますが，これを $D^2 y$ と記すことにします．さらに 3 階微分は 2 階微分をもう 1 回微分したものなので，$DDDy$ または $DD^2 y$ ですがこれを $D^3 y$ と記すことにします．同様に n 階微分は $D^n y$ と記すことにします．まとめると

6.1 微分演算子

$$Dy = \frac{dy}{dx}, \quad D^2 y = \frac{d^2 y}{dx^2}, \quad D^3 y = \frac{d^3 y}{dx^3}, \quad \cdots, \quad D^n y = \frac{d^n y}{dx^n} \quad (6.1)$$

となります．ひとたびこのように定義すれば D を単なる文字のように取り扱えることがこの記法の最大の利点です．このように演算子を用いて表す記法を**記号法**または**演算子法**といいます．

> ある関数 y を微分して c 倍したものにもとの関数 y を d 倍したものを足す．得られた関数を u として，u を微分して a 倍したものに u の b 倍を加えたものを v とする．

という操作をふつうの数式で書けば

$$u = c\frac{dy}{dx} + dy, \quad v = a\frac{du}{dx} + bu \quad (6.2)$$

となります．第2式の右辺の u に第1式を代入して v を y で表せば

$$\begin{aligned} v &= a\frac{d}{dx}\left(c\frac{dy}{dx} + dy\right) + b\left(c\frac{dy}{dx} + dy\right) \\ &= ac\frac{d^2 y}{dx^2} + (bc + ad)\frac{dy}{dx} + bdy \end{aligned} \quad (6.3)$$

となります．さらに，式 (6.3) を演算子 D を用いて表現すれば次式になります．

$$v = (acD^2 + (bc + ad)D + bd)y \quad (6.4)$$

一方，先ほど定義した演算子 D を用いれば式 (6.2) は

$$u = (cD + d)y, \quad v = (aD + b)u$$

となり，u を消去すれば

$$v = (aD + b)(cD + d)y \quad (6.5)$$

となります．式 (6.4) と (6.5) は等しいため，それぞれの右辺の y にかかっている演算子も等しいと考えられます．式 (6.5) の演算子 $(aD + b)(cD + d)$ を，D を単なる文字とみなして分配法則で式を展開すれば $acD^2 + (bc + ad)D + bd$ となりますが，これは式 (6.4) の演算子部分と一致します．このことから，演算子の表現において D は単に文字とみなして計算できることがわかります．

なお，D や D^2 は演算子であるためそれら単独では意味を持たず，あくまで関数に作用してはじめて意味をもつことに注意が必要です．

例題 6.1 微分演算子 D に対し，
$$(aD+b)(cD+d) = (cD+d)(aD+b)$$
が成り立つことを示しなさい．ただし，a, b, c, d は定数とします．

【解】 上に述べたことから
$$(aD+b)(cD+d)y = ac\frac{d^2y}{dx^2} + (bc+ad)\frac{dy}{dx} + bdy$$
が成り立ちます（式 (6.3)）．一方，上式の右辺を z と書けば
$$z = c\frac{d}{dx}\left(a\frac{dy}{dx} + by\right) + d\left(a\frac{dy}{dx} + by\right)$$
となることは式を展開すれば確かめられます．そこで $w = (aD+b)y$ とおくと
$$\begin{aligned}z &= c\frac{dw}{dx} + dw \\ &= (cD+d)w \\ &= (cD+d)(aD+b)y\end{aligned}$$
すなわち
$$(aD+b)(cD+d)y = (cD+d)(aD+b)y$$
が成り立ちます．なお，上式は a, b, c, d が定数でなく x の関数である場合には一般に成り立ちません． □

定数係数 n 階線形微分方程式とは
$$a_n\frac{d^n y}{dx^n} + a_{n-1}\frac{d^{n-1}y}{dx^{n-1}} + \cdots + a_1\frac{dy}{dx} + a_0 y = f(x) \tag{6.6}$$
という形をした微分方程式を指します．ただし，$a_n, a_{n-1}, \cdots, a_0$ は定数です．式 (6.6) は，演算子 D を用いれば
$$a_n D^n y + a_{n-1} D^{n-1} y + \cdots + a_1 Dy + a_0 y = f(x)$$
すなわち
$$(a_n D^n + a_{n-1} D^{n-1} + \cdots + a_1 D + a_0)y = f(x) \tag{6.7}$$
と書くことができます．

6.1 微分演算子

式 (6.7) の y の係数部分を $P(D)$ と書くことにします．すなわち，$P(D)$ を

$$P(D) = a_n D^n + a_{n-1} D^{n-1} + \cdots + a_1 D + a_0 \tag{6.8}$$

で定義します．本章では今後 $P(D)$ と書いた場合には D に関する n 次多項式 (6.8) を意味するものとします．このとき微分方程式 (6.7) は簡単に

$$P(D)y = f(x) \tag{6.9}$$

と書くことができます．

微分演算子 D^n や $P(D)$ には以下の (1)〜(5) にあげる性質があります．ただし α は定数とします．

(1)
$$D^n e^{\alpha x} = \alpha^n e^{\alpha x} \tag{6.10}$$

なぜなら，

$$De^{\alpha x} = \frac{d}{dx} e^{\alpha x} = \alpha e^{\alpha x}, \quad D^2 e^{\alpha x} = \frac{d^2}{dx^2} e^{\alpha x} = \alpha^2 e^{\alpha x}, \quad \cdots,$$
$$D^n e^{\alpha x} = \frac{d^n}{dx^n} e^{\alpha x} = \alpha^n e^{\alpha x}$$

となるからです．

(2)
$$P(D) e^{\alpha x} = P(\alpha) e^{\alpha x} \tag{6.11}$$

なぜなら，

$$P(D) e^{\alpha x} = a_n D^n e^{\alpha x} + a_{n-1} D^{n-1} e^{\alpha x} + \cdots + a_1 D e^{\alpha x} + a_0 e^{\alpha x}$$

となりますが，性質 (1) を用いれば

$$P(D) e^{\alpha x} = a_n \alpha^n e^{\alpha x} + a_{n-1} \alpha^{n-1} e^{\alpha x} + \cdots + a_1 \alpha e^{\alpha x} + a_0 e^{\alpha x} = P(\alpha) e^{\alpha x}$$

(3)
$$D^n [e^{\alpha x} f(x)] = e^{\alpha x} (D + \alpha)^n f(x) \tag{6.12}$$

この式を証明するには，D の定義と数学的帰納法を用います．

まず $n=1$ のとき

$$D[e^{\alpha x}f(x)] = \frac{d}{dx}[e^{\alpha x}f(x)] = \alpha e^{\alpha x}f(x) + e^{\alpha x}\frac{df(x)}{dx} = e^{\alpha x}(D+\alpha)f(x)$$

となるので，式 (6.12) が成立します．次に $n=k$ のとき成り立ったとすれば

$$D^k[e^{\alpha x}f(x)] = e^{\alpha x}(D+\alpha)^k f(x)$$

であるため，$n=k+1$ のときにも

$$\begin{aligned}
D^{k+1}[e^{\alpha x}f(x)] &= \frac{d}{dx}\left(e^{\alpha x}(D+\alpha)^k f(x)\right) \\
&= \left(\frac{de^{\alpha x}}{dx}\right)(D+\alpha)^k f(x) + e^{\alpha x}\frac{d}{dx}\left((D+\alpha)^k f(x)\right) \\
&= \alpha e^{\alpha x}(D+\alpha)^k f(x) + e^{\alpha x}D(D+\alpha)^k f(x) \\
&= e^{\alpha x}(D+\alpha)^{k+1} f(x)
\end{aligned}$$

となり，確かに式 (6.12) が成り立つことが示せます．

(4)
$$P(D)[e^{\alpha x}f(x)] = e^{\alpha x}P(D+\alpha)f(x) \tag{6.13}$$

まず

$$\begin{aligned}
P(D)[e^{\alpha x}f(x)] &= a_n D^n[e^{\alpha x}f(x)] + a_{n-1}D^{n-1}[e^{\alpha x}f(x)] \\
&\quad + \cdots + a_1 D[e^{\alpha x}f(x)] + a_0[e^{\alpha x}f(x)]
\end{aligned}$$

となります．そこで性質 (3) を用いれば，

$$\begin{aligned}
P(D)[e^{\alpha x}f(x)] &= e^{\alpha x}\Big\{a_n(D+\alpha)^n f(x) + a_{n-1}(D+\alpha)^{n-1}f(x) + \cdots \\
&\quad + a_1(D+\alpha)f(x) + a_0 f(x)\Big\} = e^{\alpha x}P(D+\alpha)f(x)
\end{aligned}$$

が得られます．

(5) 2つの多項式 $P_1(x), P_2(x)$ に対して，
$$P_1(D)P_2(D)y = P_2(D)P_1(D)y \tag{6.14}$$

このことは，例題 6.1 で $P_1(D)$ と $P_2(D)$ が 1 次式のとき確かめました．一般にそれらが m 次式と n 次式の場合であっても同様にして確かめることができます．

6.2 定数係数線形同次微分方程式

本節では定数係数線形微分方程式の右辺を 0 とおいた同次方程式

$$a_n \frac{d^n y}{dx^n} + a_{n-1} \frac{d^{n-1} y}{dx^{n-1}} + \cdots + a_1 \frac{dy}{dx} + a_0 y = 0 \tag{6.15}$$

すなわち，

$$P(D)y = 0 \tag{6.16}$$

を微分演算子の性質を利用して解くことを考えます．

はじめに

(1)
$$D^n y = 0 \tag{6.17}$$

を解いてみます．式 (6.17) は定義から n 階微分方程式

$$\frac{d^n y}{dx^n} = 0$$

を意味します．したがって，n 回積分することによりただちに解けて，一般解

$$y = c_0 + c_1 x + \cdots + c_{n-1} x^{n-1} \tag{6.18}$$

が得られます．ただし $c_0, c_1, \cdots, c_{n-1}$ は任意定数です．このことは式 (6.18) を n 回微分すると 0 になることからも容易に確かめられます．

次に方程式 (6.17) のかわりに微分方程式

(2)
$$D^n [e^{-\alpha x} y] = 0 \tag{6.19}$$

を考えます．すなわち，式 (6.17) の y が $e^{-\alpha x} y$ になっています．式 (6.17) の解が式 (6.18) であることを用いれば，この場合の解は

$$e^{-\alpha x} y = (c_0 + c_1 x + \cdots + c_{n-1} x^{n-1})$$

であるため，一般解は

$$y = (c_0 + c_1 x + \cdots + c_{n-1} x^{n-1}) e^{\alpha x} \tag{6.20}$$

になります．ただし，$c_0, c_1, \cdots, c_{n-1}$ は任意定数です．

この結果と微分演算子の性質を利用すれば，微分方程式
$$(D-\alpha)^n y = 0 \tag{6.21}$$
を解くことができます．すなわち，微分演算子の性質 (3) から式 (6.19) は
$$D^n[e^{-\alpha x} y] = e^{-\alpha x}(D-\alpha)^n y$$
となります．したがって，微分方程式 (6.21)，すなわち
$$e^{-\alpha x}(D-\alpha)^n y = D^n[e^{-\alpha x} y] = 0$$
の一般解は式 (6.20) で与えられることがわかります．

特に $\alpha = 0$ とおけば，式 (6.21) と式 (6.17) は一致し，その解 (6.20) も式 (6.18) に一致するため，微分方程式 (6.21) と解 (6.20) はその特殊な場合として微分方程式 (6.17) と解 (6.18) を含んでいます．

例として，定数係数 2 階線形微分方程式
$$a\frac{d^2 y}{dx^2} + b\frac{dy}{dx} + \frac{b^2}{4a} y = 0$$
は微分演算子を用いれば
$$a\left(D + \frac{b}{2a}\right)^2 y = a\left(D - \left(\frac{-b}{2a}\right)\right)^2 y = 0$$
と書くことができます．したがって，一般解は式 (6.20) から
$$y = (c_0 + c_1 x) e^{-bx/(2a)}$$
となりますが，これは第 4 章で導いた解 (4.19) と一致します．

次の微分方程式

(3)
$$(D^2 + aD + b)y = 0 \tag{6.22}$$

は，式 (6.14) を参照して
$$(D-p)(D-q)y = (D-q)(D-p)y = 0 \tag{6.23}$$
となります．ただし，p, q は 2 次方程式
$$t^2 + at + b = 0 \tag{6.24}$$

の 2 根（重根や複素根を含む）です．
$$(D-\beta)0 = 0$$
であるため（β は p または q），式 (6.23) は
$$(D-q)y = 0 \quad \text{または} \quad (D-p)y = 0 \tag{6.25}$$
を意味しています．p と q が異なる場合には式 (6.25) はそれぞれ
$$y_1 = Ae^{qx}, \quad y_2 = Be^{px}$$
という一般解をもちます（A, B：任意定数）．したがって，式 (6.22) の一般解は
$$y = y_1 + y_2 = Ae^{qx} + Be^{px} \tag{6.26}$$
となります．このことは，この解は 2 個の任意定数を含んでおり，さらに
$$(D^2 + aD + b)(y_1 + y_2) = (D-p)(D-q)y_1 + (D-q)(D-p)y_2 = 0$$
が成り立つことからわかります．もちろん，この解は 3.2 節で導いた解と一致します．

同様に
$$(D^2 + aD + b)^n y = 0 \tag{6.27}$$
という微分方程式は，上の p と q を用いて
$$(D-p)^n (D-q)^n y = (D-q)^n (D-p)^n y = 0 \tag{6.28}$$
と表せます．
$$(D-\beta)^n 0 = 0$$
であるため（β は p または q），式 (6.28) は
$$(D-q)^n y = 0 \quad \text{または} \quad (D-p)^n y = 0 \tag{6.29}$$
を意味しています．p と q が異なる場合には式 (6.25) はそれぞれ
$$y_1 = (c_0 + c_1 x + \cdots + c_{n-1} x^{n-1}) e^{qx} \tag{6.30}$$
$$y_2 = (d_0 + d_1 x + \cdots + d_{n-1} x^{n-1}) e^{px} \tag{6.31}$$
（ただし，$c_0, \cdots, c_{n-1}, d_0, \cdots, d_{n-1}$：任意定数）という一般解をもちます．したがって，式 (6.27) の一般解は
$$y = y_1 + y_2 \tag{6.32}$$

になります．このことは，この解は $2n$ 個の任意定数を含んでおり，さらに
$(D^2 + aD + b)^n(y_1 + y_2) = (D-p)^n(D-q)^n y_1 + (D-q)^n(D-p)^n y_2 = 0$
が成り立つことからわかります．

重根，すなわち $p = q$ のときは式 (6.27) は
$$(D-p)^{2n} y = 0$$
となるため，方程式 (6.21)（ただし，この場合 n は $2n$）を解くことに帰着します．

なお，p と q が共役複素数の場合（すなわち，$a^2 - 4b < 0$ の場合）は式 (6.26), (6.32) に複素数の指数関数を含むため，オイラーの公式 (4.14) を用いて三角関数に書き換えておきます．

> **例題6.2** 次の微分方程式の一般解を求めなさい．
> (1) $(D^2 - 3D + 2)y = 0$ (2) $(D^2 + 5D + 6)^2 y = 0$
> (3) $(D^2 - 6D + 9)^3 y = 0$ (4) $(D^2 - 4D + 13)^2 y = 0$

【解】(1) $(D^2 - 3D + 2)y = (D-1)(D-2)y = 0$ であるので，式 (6.23), (6.26) より
$$y = c_0 e^x + c_1 e^{2x}$$

(2) $(D^2 + 5D + 6)^2 y = (D+2)^2 (D+3)^2 y = 0$ であるので，式 (6.27), (6.30)〜(6.32) より
$$y = (c_0 + c_1 x)e^{-2x} + (d_0 + d_1 x)e^{-3x}$$

(3) $(D^2 - 6D + 9)^3 y = (D-3)^6 y = 0$ であるので，式 (6.20) より
$$y = (c_0 + c_1 x + c_2 x^2 + c_3 x^3 + c_4 x^4 + c_5 x^5)e^{3x}$$

(4) $(D^2 - 4D + 13)^2 = 0$ から $D = 2 \pm 3i$（ともに重根）となります．したがって
$$y = (c_0 + c_1 x)e^{(2+3i)x} + (d_0 + d_1 x)e^{(2-3i)x}$$
$$= (c_0 + c_1 x)e^{2x}(\cos 3x + i \sin 3x) + (d_0 + d_1 x)e^{2x}(\cos 3x - i \sin 3x)$$
$$= (a_0 + a_1 x)e^{2x} \cos 3x + (b_0 + b_1 x)e^{2x} \sin 3x$$

となります．ただし，
$$a_0 = c_0 + d_0, \quad a_1 = c_1 + d_1, \quad b_0 = i(c_0 - d_0), \quad b_1 = i(c_1 - d_1)$$
はすべて任意定数です． □

6.2 定数係数線形同次微分方程式

> (4) 一般に，$P(D)$ が多項式の場合には
> $$P(D) = AD^k(D-\alpha)^m \cdots (D-\beta)^n$$

の形に因数分解できます．ただし，$\alpha, \cdots, \beta$ には（共役）複素根を含みます．このとき定数係数線形 n 階同次微分方程式

$$P(D)y = 0$$

の一般解は

$$D^k y = 0, \quad (D-\alpha)^m y = 0, \quad \cdots, \quad (D-\beta)^n y = 0$$

を解いて得られた各方程式の一般解を足し合わせたものになります．ただし，$\alpha, \cdots, \beta$ が複素数になった場合には複素数の指数をオイラーの公式によって三角関数になおしておきます．

例題6.3 次の微分方程式の一般解を求めなさい．
(1) $(D^4 + D^3 - 9D^2 + 11D - 4)y = 0$
(2) $(D^5 + D^4 + 3D^3 - 5D^2)y = 0$

【解】 (1) $D^4 + D^3 - 9D^2 + 11D - 4 = (D-1)^3(D+4)$ であるため，式 (6.30) より

$$y = c_0 e^{-4x} + (c_1 + c_2 x + c_3 x^2)e^x$$

が得られます．

(2) $D^5 + D^4 + 3D^3 - 5D^2 = D^2(D-1)(D^2 + 2D + 5)$ であり，また

$$D^2 + 2D + 5 = 0$$

の解は $D = -1 \pm 2i$ であるため，式 (6.30) より

$$y = c_0 + c_1 x + c_2 e^x + d_3 e^{(-1+2i)x} + d_4 e^{(-1-2i)x}$$
$$= c_0 + c_1 x + c_2 e^x + c_3 e^{-x} \cos 2x + c_4 e^{-x} \sin 2x$$

が得られます． □

問6.1 次の定数係数の微分方程式の一般解を求めなさい．
(1) $(D^2 - 3D)y = 0$ (2) $(D+4)^4 y = 0$
(3) $(D^2 - 4D + 5)^3 y = 0$

6.3 逆演算子

関数 $y(x)$ を x で微分して導関数を作ることを Dy と記しました．この導関数 Dy を積分すればもとの関数にもどります．本節で定義する逆演算子とは，ある演算子を作用させて得られる新しい関数をもとの関数にもどす働きをする演算子のことです．たとえば微分の逆演算子は積分になります．そこで，積分という演算を D^{-1} または $1/D$ と記すと

$$D^{-1}f(x) = \frac{1}{D}f(x) = \int f(x)dx \tag{6.33}$$

になります．積分した関数を微分するともとの関数にもどりますが，上の記号を用いれば

$$y = DD^{-1}y = D\frac{1}{D}y \tag{6.34}$$

と書けます．同様に微分した関数を不定積分するともとの関数にもどるため[†]，

$$y = D^{-1}Dy = \frac{1}{D}Dy \tag{6.35}$$

となります．これらは D を文字とみなせば D で約分したとみなせるため記法上便利です．

なお，ある関数になにも変化を与えない演算子を I と記すことにすれば

$$Iy = y$$

と書けます．この演算子 I を用いれば式 (6.34), (6.35) は

$$DD^{-1} = D^{-1}D = I \tag{6.36}$$

となります．

演算子という見方をした場合，非同次微分方程式

$$P(D)y = f(x) \tag{6.37}$$

[†] 逆演算子は以下に述べるように非同次方程式の特解を求めるために使われるため，任意定数（の不定性）は無視します．

における演算子 $P(D)$ は，関数 y に作用させて与えられた関数 $f(x)$ を作る演算子とみなすことができます．一方，微分方程式を解くということは逆に y を既知の $f(x)$ から求める操作と考えられます．そこで，そのような操作を行う演算子を $L(D)$ とすれば

$$y = L(D)f(x) \tag{6.38}$$

と書けます．式 (6.38) を式 (6.37) に代入すれば

$$P(D)L(D)f(x) = f(x)$$

となります．このことから演算子 $L(D)$ を

$$L(D) = P^{-1}(D) = \frac{1}{P(D)} \tag{6.39}$$

と記すと便利です．特に $P(D) = D$ の場合には式 (6.33) と矛盾しません．このような記法を用いると方程式 (6.37) を解くことは，形式的には式 (6.37) の両辺を $P(D)$ で割って

$$y = \frac{1}{P(D)} f(x) \tag{6.40}$$

の形にすることになります．

そこで右辺の逆演算子に対する実際の演算規則がわかれば方程式は解けることになります．ただし，式 (6.40) と書いた場合に y は 1 通りに決りません．実際，関数 y_h として $P(D)y_h = 0$ を満足する関数（同次方程式の解）をとれば $y + y_h$ も式 (6.37) を満足します．しかし，あとで説明するように式 (6.40) は 1 つの特解を決めるために用いるため，一意であることにこだわる必要はありません．

以下に微分方程式を解く場合に役立つ**逆演算子の性質**をいくつか列挙します．

はじめに，$P(D)y = f$ に $P^{-1}(D)$ を作用させると式 (6.37), (6.40) から $P^{-1}Py = P^{-1}f = y$ となるため，$P^{-1}P = I$ となります．次に $P^{-1}f = y$ に P を作用させると式 (6.40), (6.37) から $PP^{-1}f = Py = f$ となるため，$PP^{-1} = I$ となります．したがって，次の関係が成り立ちます．

(1) $$P^{-1}(D)P(D) = P(D)P^{-1}(D) = I \tag{6.41}$$

また A が定数の場合

(2)
$$P(D)Af(x) = AP(D)f(x), \quad \frac{1}{P(D)}Af(x) = A\frac{1}{P(D)}f(x)$$

が成り立つことは容易に確かめられます（第1式は式 (6.14) の特別の場合とみなすこともできます）．そこで，第1式において A として定数 $1/P(\alpha)$, f として $e^{\alpha x}$ を用いれば，式 (6.11) から

$$P(D)\frac{1}{P(\alpha)}e^{\alpha x} = \frac{1}{P(\alpha)}P(D)e^{\alpha x} = \frac{1}{P(\alpha)}P(\alpha)e^{\alpha x} = e^{\alpha x}$$

となります．ただし $P(\alpha) \neq 0$ とします．この式の両辺に $P^{-1}(D) = 1/P(D)$ を作用させると，関係式

(3)
$$\frac{1}{P(D)}e^{\alpha x} = \frac{1}{P(\alpha)}e^{\alpha x} \qquad (6.42)$$

が成り立つことがわかります．

次に式 (6.13)，すなわち

$$P(D)[e^{\alpha x}f(x)] = e^{\alpha x}P(D+\alpha)f(x)$$

において $f(x)$ のかわりに関数

$$\frac{1}{P(D+\alpha)}[e^{-\alpha x}f(x)]$$

を代入すると

$$P(D)\left[e^{\alpha x}\frac{1}{P(D+\alpha)}[e^{-\alpha x}f(x)]\right]$$
$$= e^{\alpha x}P(D+\alpha)\frac{1}{P(D+\alpha)}[e^{-\alpha x}f(x)]$$
$$= e^{\alpha x}I[e^{-\alpha x}f(x)] = e^{\alpha x}e^{-\alpha x}f(x) = f(x)$$

となります．したがって，

(4)
$$\frac{1}{P(D)}f(x) = e^{\alpha x}\frac{1}{P(D+\alpha)}[e^{-\alpha x}f(x)] \qquad (6.43)$$

が成り立ちます．

式 (6.43) の $P(D)$ として特に $D-\alpha$ とすれば

$$\frac{1}{D-\alpha}f(x) = e^{\alpha x}\frac{1}{D+\alpha-\alpha}[e^{-\alpha x}f(x)] = e^{\alpha x}\frac{1}{D}[e^{-\alpha x}f(x)]$$

となります．この式は，

$$(5) \qquad \frac{1}{D-\alpha}f(x) = e^{\alpha x}\int e^{-\alpha x}f(x)dx \qquad (6.44)$$

を意味しています．

同様に式 (6.43) の $P(D)$ として $(D-\alpha)^n$ とすれば

$$\frac{1}{(D-\alpha)^n}f(x) = e^{\alpha x}\frac{1}{(D+\alpha-\alpha)^n}[e^{-\alpha x}f(x)] = e^{\alpha x}\frac{1}{D^n}[e^{-\alpha x}f(x)]$$

が成り立ちます．すなわち，

$$(6) \qquad \frac{1}{(D-\alpha)^n}f(x) = e^{\alpha x}\int\cdots\int e^{-\alpha x}f(x)dx\cdots dx \qquad (6.45)$$

になります（右辺は n 回積分することを意味しています）．

例題 6.4 $\dfrac{1}{D-1}e^{ix}$ の虚数部をとることにより $\dfrac{1}{D-1}[\sin x]$ を計算しなさい．

【解】
$$\frac{1}{D-1}e^{ix} = e^x\int e^{-x}e^{ix}dx = e^x\frac{e^{(-1+i)x}}{-1+i} = \frac{\cos x + i\sin x}{-1+i}$$
$$= -\frac{\cos x - \sin x}{2} - i\frac{\cos x + \sin x}{2}$$

となるため，虚数部をとって

$$\frac{1}{D-1}[\sin x] = -\frac{\cos x + \sin x}{2}$$

となります． □

問 6.2 次式を計算しなさい．

(1) $\dfrac{1}{D-1}[x\cos x]$ (2) $\dfrac{1}{(D+1)^2}[x\sin 2x]$

6.4 定数係数線形非同次微分方程式

本節では演算子（逆演算子）を用いて定数係数線形非同次微分方程式 (6.37)，すなわち

$$P(D)y = f(x)$$

の1つの特解を求める方法を示します．一般解は対応する同次方程式の一般解を 6.2 節の方法で求めて，それに特解を足し合わせれば求まります．記号法で特解が求まるのは上式の右辺が多項式，指数関数，三角関数など特殊な関数の場合に限られますが，実用上重要な微分方程式はたいていこのような関数です．そして，右辺の関数の形によって解き方が決まっています．そこで以下に $f(x)$ の形に応じた解法を示すことにします．

(a) $f(x) = Ae^{\alpha x}$ の場合

関数 $P(D)$ が

$$P(D) = (D-\alpha)^m G(D) \tag{6.46}$$

という形に因数分解されたとします．m は 0（このとき $P(D) = G(D)$）または正の整数です．さらに $G(\alpha) \neq 0$ と仮定します†．

式 (6.40) および逆演算子の性質 (2), (3) から

$$y = \frac{A}{(D-\alpha)^m G(D)} e^{\alpha x} = \frac{A}{(D-\alpha)^m} \frac{1}{G(\alpha)} e^{\alpha x} = \frac{A}{G(\alpha)} \frac{1}{(D-\alpha)^m} e^{\alpha x}$$

となります．さらに逆演算子の性質 (6) から

$$\begin{aligned}\frac{1}{(D-\alpha)^m} e^{\alpha x} &= e^{\alpha x} \int \cdots \int e^{-\alpha x} e^{\alpha x} dx \cdots dx \\ &= e^{\alpha x} \int \cdots \int dx \cdots dx \\ &= \frac{1}{m!} x^m e^{\alpha x}\end{aligned}$$

---

† もし $G(\alpha) = 0$ ならば G は $D-\alpha$ で割れるため式 (6.46) の m が増えます．そこで，式 (6.46) では m が最大であるとして G はもはやこれ以上 $D-\alpha$ で割れない形，すなわち $G(\alpha) \neq 0$ になっているものと解釈します．

6.4 定数係数線形非同次微分方程式

となります.ただし,1 つの特解を求めるだけなので積分するときに現れる積分定数はすべて 0 にしています.したがって,特解として

$$y = \frac{A}{G(\alpha)m!}x^m e^{\alpha x} \tag{6.47}$$

が得られます.

例題 6.5 次の方程式の特解を求めなさい.
(1) $(D^2 - 4D - 5)y = 3e^{4x}$
(2) $(D^3 - D^2 - D + 1)y = e^x$

【解】 (1) $D = 4$ は $D^2 - 4D - 5 = 0$ の解ではありません.したがって,式 (6.47) で $m = 0$ の場合であるため

$$y = \frac{3}{4^2 - 4 \times 4 - 5}e^{4x} = -\frac{3}{5}e^{4x}$$

が特解になります.

(2) $D^3 - D^2 - D + 1 = (D+1)(D-1)^2$ であるので $D = 1$ は $D^3 - D^2 - D + 1 = 0$ の解(重根)です.したがって,式 (6.47) で $m = 2$ の場合であり,

$$y = \frac{1}{(1+1)2!}x^2 e^x = \frac{1}{4}x^2 e^x$$

が特解になります. □

問 6.3 次の方程式の特解を求めなさい.
(1) $(D^2 - 7D + 6)y = e^{3x}$
(2) $(D^2 - 6D + 9)y = e^{3x}$

(b) $f(x) = Ae^{\gamma x}\cos\beta x$ または $f(x) = Ae^{\gamma x}\sin\beta x$($\gamma = 0$ でもよい)の場合

この場合,オイラーの公式 (4.14) から

$$e^{\gamma x}\cos\beta x + ie^{\gamma x}\sin\beta x = e^{(\gamma + i\beta)x}$$

となることを利用します.すなわち,$f(x) = Ae^{(\gamma + i\beta)x}$ として $\alpha = \gamma + i\beta$ とみなして公式 (6.47) を用います.このとき,式 (6.47) の右辺を計算すれば,その実数部が $f(x) = Ae^{\gamma x}\cos\beta x$ の特解,虚数部が $f(x) = Ae^{\gamma x}\sin\beta x$ の特解になります.

例題 6.6 次の方程式の特解を求めなさい．
(1) $(D^2 + 4)y = \cos 2x$
(2) $(D^2 - 3D - 4)y = e^{4x} \sin x$
(3) $(D^2 - 2D + 2)y = e^x \cos x$

【解】 (1) $\cos 2x$ は e^{2ix} の実数部です．一方，

$$\frac{1}{D^2 + 4} e^{2ix} = \frac{1}{(D - 2i)(D + 2i)} e^{2ix}$$
$$= \frac{1}{2i + 2i} \frac{1}{D - 2i} e^{2ix} = \frac{1}{4i} e^{2ix} \int e^{-2ix} e^{2ix} dx$$
$$= \frac{xe^{2ix}}{4i} = \frac{x \sin 2x}{4} - i\frac{x \cos 2x}{4}$$

したがって，この式の実数部である次式が特解になります．

$$y = \frac{1}{4} x \sin 2x$$

(2) $e^{4x} \sin x$ は $e^{(4+i)x}$ の虚数部です．一方，

$$\frac{1}{D^2 - 3D - 4} e^{(4+i)x} = \frac{1}{(4+i)^2 - 3(4+i) - 4} e^{(4+i)x}$$
$$= \frac{-1 - 5i}{26} e^{4x} (\cos x + i \sin x)$$

であるため，この式の虚数部である次式が特解になります．

$$y = -\frac{e^{4x}}{26}(5 \cos x + \sin x)$$

(3) $e^x \cos x$ は $e^{(1+i)x}$ の実数部です．一方，

$$D^2 - 2D + 2 = (D - (1 + i))(D - (1 - i))$$

を用いれば，

$$\frac{1}{D^2 - 2D + 2} e^{(1+i)x} = \frac{1}{(1 + i - (1 - i))(D - (1 + i))} e^{(1+i)x}$$
$$= \frac{1}{2i} \times \frac{1}{1!} xe^{(1+i)x}$$

であるため，この式の実数部である次式が特解になります．

$$y = \frac{xe^x}{2} \sin x$$

問 6.4 次の定数係数の微分方程式の一般解を求めなさい．
(1) $(D^2 - 3D + 2)y = e^{2x} \sin x$ (2) $(D^2 - 4D + 5)y = e^{2x} \cos x$

(c) $f(x)$ が多項式（m 次式）の場合

$P(D)$ が多項式の場合には D は形式的に文字とみなせるということを用います．この場合，いくつかの方法が考えられますが，1つは $1/P(D)$ を部分分数に分解して，各項に $f(x)$ を作用させます．一般式を書くとかえって複雑になるので例題を用いて示すことにします．

例題 6.7 次の方程式の特解を求めなさい．
(1) $(D^2 + D - 2)y = x - 1$ (2) $(D^3 + 3D^2 + 2D)y = x^2$

【解】 (1) 部分分数分解により

$$\frac{1}{D^2 + D - 2} = \frac{1}{(D-1)(D+2)} = \frac{1}{3}\left(\frac{1}{D-1} - \frac{1}{D+2}\right)$$

となるので

$$\begin{aligned} y &= \frac{1}{3}\left(\frac{1}{D-1}(x-1) - \frac{1}{D+2}(x-1)\right) \\ &= \frac{1}{3}\left(e^x \int e^{-x}(x-1)dx - e^{-2x}\int e^{2x}(x-1)dx\right) = -\frac{x}{2} + \frac{1}{4} \end{aligned}$$

(2) $1/(D^3 + 3D^2 + 2D) = (1/D)\Big(1/(D+1) - 1/(D+2)\Big)$ より

$$\begin{aligned} y &= \frac{1}{D(D+1)(D+2)}x^2 = \frac{1}{D}\left(\frac{1}{D+1}x^2 - \frac{1}{D+2}x^2\right) \\ &= \frac{1}{D}\left(e^{-x}\int x^2 e^x dx - e^{-2x}\int x^2 e^{2x} dx\right) \\ &= \frac{1}{D}\left((x^2 - 2x + 2) - \frac{1}{8}(4x^2 - 4x + 2)\right) = \frac{x^3}{6} - \frac{3}{4}x^2 + \frac{7}{4}x \quad \square \end{aligned}$$

別の方法として $1/P(D)$ をマクローリン展開する方法もあります．このとき，一般に展開式は D の無限次数の多項式ですが，$f(x)$ が m 次式の場合は展開を m 次で打ち切ります．なぜなら，m 次式を $m+1$ 回以上微分したものは 0，すなわち

$$D^{m+1}f(x) = D^{m+2}f(x) = \cdots = 0$$

が成り立つからです．この場合も一般式を書くとわかりにくいので例題をいくつか示すことにします．なお，マクローリン展開をする場合には公式どおりに

行うと計算が非常にめんどうになるので，例題に示すように，関係式

$$\frac{1}{1-t} = 1 + t + t^2 + t^3 + \cdots \tag{6.48}$$

を用いた方が簡単です．

> **例題 6.8** 次の微分方程式の特解を求めなさい．
> (1) $(D^2 + D - 2)y = x - 1$ (2) $(D^3 + 3D^2 + 2D)y = x^2$

【解】(1) 式 (6.48)（ただし，$t = (D + D^2)/2$）を用いれば

$$\frac{1}{D^2 + D - 2} = -\frac{1}{2}\frac{1}{1 - (D + D^2)/2}$$
$$= -\frac{1}{2}\left(1 + \frac{D + D^2}{2} + \left(\frac{D + D^2}{2}\right)^2 + \cdots\right)$$
$$= -\frac{1}{2}\left(1 + \frac{D}{2} + (D の 2 次以上の項)\right)$$

となります．方程式の右辺は 1 次式なので，2 回以上微分すると 0 になります．したがって，

$$y = \frac{1}{D^2 + D - 2}(x - 1)$$
$$= -\frac{1}{2}\left(1 + \frac{D}{2}\right)(x - 1) = -\frac{2x - 1}{4}$$

(2) 式 (6.48)（ただし，$t = -(3D + D^2)/2$）を用いれば

$$\frac{1}{D^3 + 3D^2 + 2D} = \frac{1}{2D}\frac{1}{1 + (3D + D^2)/2}$$
$$= \frac{1}{2D}\left(1 - \frac{3D + D^2}{2} + \left(\frac{3D + D^2}{2}\right)^2 - \left(\frac{3D + D^2}{2}\right)^3 + \cdots\right)$$
$$= \frac{1}{2D}\left(1 - \frac{3}{2}D + \frac{7}{4}D^2 - \cdots\right)$$

となります．方程式の右辺は 2 次式なので，3 回以上微分すると 0 になります．したがって，

$$y = \frac{1}{2D}\left(1 - \frac{3}{2}D + \frac{7}{4}D^2\right)x^2 = \frac{1}{2D}\left(x^2 - 3x + \frac{7}{2}\right)$$
$$= \frac{1}{2}\int\left(x^2 - 3x + \frac{7}{2}\right)dx = \frac{x^3}{6} - \frac{3}{4}x^2 + \frac{7}{4}x \quad \square$$

6.4 定数係数線形非同次微分方程式

問 6.5 次の定数係数の微分方程式の一般解を求めなさい．
(1) $(D-1)y = x^3$
(2) $(D^3+1)y = x^3 + x$
(3) $(D^3 + 3D^2 + 2D)y = x^3$

(d) $f(x) = P(x)e^{ax},\ P(x)e^{\alpha x}\cos(\beta x),\ P(x)e^{\alpha x}\sin(\beta x)$ の場合

$f(x) = Pe^{\alpha x}\cos(\beta x),\ Pe^{\alpha x}\sin(\beta x)$ の場合には $Pe^{(\alpha + i\beta)x}$ の実数部あるいは虚数部と考えればよいので $f(x) = e^{ax}$ について議論することにします．このとき，

$$f(D)y = e^{ax}P(x)$$

から，逆演算子の性質 (4) を用いて

$$y = \frac{1}{f(D)}[e^{ax}P(x)] = e^{ax}\frac{1}{f(D+a)}P(x) \tag{6.49}$$

のように計算します．

例題 6.9 次の方程式の特解を求めなさい．
$$(D^2 - 2D - 3)y = (x+1)e^x$$

【解】 式 (6.49) を用いて以下のように変形します．

$$\begin{aligned}
y &= \frac{1}{D^2 - 2D - 3}(x+1)e^x \\
&= e^x \frac{1}{(D+1)^2 - 2(D+1) - 3}(x+1) \\
&= e^x \frac{1}{D^2 - 4}(x+1) \\
&= -\frac{1}{4}e^x \frac{1}{1 - D^2/4}(x+1) \\
&= -\frac{1}{4}e^x\left(1 + \frac{D^2}{4} + \cdots\right)(x+1) = -\frac{1}{4}e^x(x+1) \quad \square
\end{aligned}$$

問 6.6 次の定数係数の微分方程式の一般解を求めなさい．
(1) $(D^2 - 2D + 1)y = x^3 e^{3x}$
(2) $(D^2 - 2D + 2)y = xe^{2x}\sin x$

6.5 定数係数線形連立微分方程式

本節では**定数係数線形連立微分方程式**の中で2元の連立微分方程式の解法を簡単に解説します．連立微分方程式は基本的には未知関数を消去して単独の高階微分方程式にします．もとの連立微分方程式が定数係数であれば，結果として得られる高階微分方程式も定数係数になるため，今までに述べてきた演算子による方法で解くことができます．わかりやすくするため，例題で解き方の概略を示したあとで一般化することにします．

例題 6.10 次の定数係数連立微分方程式の一般解を求めなさい．
$$\begin{cases} (D+2)y + 3Dz = 0 \\ 3Dy + (D+2)z = 4e^{2x} \end{cases}$$

【解】 z を消去するため第1式に $D+2$ を左から掛け，第2式に $3D$ を左から掛けて引き算すれば

$$((D+2)^2 - 9D^2)y = -12De^{2x} = -24e^{2x}$$

すなわち

$$(D-1)\left(D+\frac{1}{2}\right)y = 3e^{2x}$$

という定数係数線形2階微分方程式が得られます．そこで，同次方程式の一般解は

$$y = c_1 e^x + c_2 e^{-x/2}$$

であり，非同次方程式の特解は

$$y = \frac{3}{(D-1)(D+1/2)} e^{2x} = \frac{3}{(2-1)\left(2+\frac{1}{2}\right)} e^{2x} = \frac{6}{5} e^{2x}$$

であることがわかります．したがって，y に関する方程式の一般解は

$$y = c_1 e^x + c_2 e^{-x/2} + \frac{6}{5} e^{2x} \tag{6.50}$$

となります．
次に，もとの方程式の第2式に $D+2$ を左から掛け，第1式に $3D$ を左から掛けて引き算すれば

$$((D+2)^2 - 9D^2)z = 4(D+2)e^{2x} = 16e^{2x}$$

6.5 定数係数線形連立微分方程式

すなわち,
$$(D-1)\left(D+\frac{1}{2}\right)z = -2e^{2x}$$

となります. z に関する同次方程式の一般解は y に対するものと同じで
$$z = c_3 e^x + c_4 e^{-x/2}$$

です. 非同次方程式の特解は
$$z = \frac{-2}{(D-1)(D+1/2)}e^{2x}$$
$$= \frac{-2}{(2-1)\left(2+\frac{1}{2}\right)}e^{2x} = -\frac{4}{5}e^{2x}$$

となるため, z に関する方程式の一般解は
$$z = c_3 e^x + c_4 e^{-x/2} - \frac{4}{5}e^{2x} \tag{6.51}$$

になります. 式 (6.50), (6.51) をもとの連立方程式の第 1 式に代入すれば
$$(3c_1 + 3c_3)e^x + \left(\frac{3}{2}c_2 - \frac{3}{2}c_4\right)e^{-x/2} = 0$$

となりますが, この式がすべての x について成り立つことから
$$c_3 = -c_1, \quad c_4 = c_2$$

である必要があります. このとき, 式 (6.51) は
$$z = -c_1 e^x + c_2 e^{-x/2} - \frac{4}{5}e^{2x} \tag{6.52}$$

となります. したがって, もとの連立 1 次方程式の一般解は式 (6.50), (6.52) で与えられます. □

未知関数を $y(x)$ と $z(x)$, また微分演算子を $P_1(D), P_2(D), P_3(D), P_4(D)$ としたとき, 定数係数線形連立 2 元微分方程式は一般に
$$\begin{cases} P_1(D)y + P_2(D)z = f_1(x) \\ P_3(D)y + P_4(D)z = f_2(x) \end{cases} \tag{6.53}$$

という形をしています. そして, $f_1(x), f_2(x)$ が同時に 0 のとき同次形とよびます.

方程式 (6.53) の y, z の係数から作った演算子に関する行列式

$$\Delta_D = \begin{vmatrix} P_1(D) & P_2(D) \\ P_3(D) & P_4(D) \end{vmatrix} = P_1(D)P_4(D) - P_2(D)P_3(D) \quad (6.54)$$

が D について n 次式であるならば連立微分方程式 (6.53) は n 個の任意定数 c_1〜c_n を含んだ一般解

$$y = y(x, c_1, c_2, \cdots, c_n), \quad z = z(x, c_1, c_2, \cdots, c_n)$$

をもちます．

式 (6.53) の一般解を求めるためには，原理的には変数を消去します．たとえば，z を消去するには第 1 式に $P_4(D)$ を左から掛け，第 2 式に $P_2(D)$ を左から掛けて引き算をします．その結果，式 (6.54) の演算子 Δ_D を用いて

$$\Delta_D y = P_4(D)f_1(x) - P_2(D)f_2(x)$$

が得られます．この方程式は Δ_D が n 次式の場合には n 個の任意定数を含む一般解をもちます．次に式 (6.53) の第 2 式に $P_1(D)$ を左から掛け，第 1 式に $P_3(D)$ を左から掛けて引き算すれば

$$\Delta_D z = P_1(D)f_2(x) - P_3(D)f_1(x)$$

が得られます．したがって，z も n 個の任意定数を含む解をもちます．

y と z を求めるとき，それぞれの任意定数は勝手に選べるため，このままでは $2n$ 個の任意定数を含みます．しかし，得られた解は式 (6.53) を満たす必要があります．そこで，実際にそれらを式 (6.53) に代入すれば，それぞれの任意定数は独立には選べなくて例題 6.10 に示すようにある関係を満たす必要があることがわかります．その関係を考慮すれば任意定数の数は合計 n 個になります．

なお，本節で述べた方法は 2 元でなくても定数係数であるならば一般に n 元連立微分方程式にそのまま拡張できます．

問 6.7 次の定数係数の連立微分方程式の一般解を求めなさい．

(1) $\begin{cases} (D-4)y + z = 0 \\ y - (D-1)z = 0 \end{cases}$ (2) $\begin{cases} (D-3)y + z = e^x \\ y - (D-1)z = 2e^x \end{cases}$

第6章の演習問題

1 次の定数係数同次微分方程式の一般解を求めなさい．
  (1) $(D^2 - 7D + 6)y = 0$
  (2) $(D^3 - 6D^2 + 12D - 8)y = 0$
  (3) $(D^3 - 6D^2 + 5D)y = 0$
  (4) $(D^2 - 2D + 2)y = 0$

2 次の定数係数非同次微分方程式の一般解を求めなさい．
  (1) $(D^2 + 3D + 2)y = e^{-4x}$
  (2) $(D^2 + 3D + 2)y = e^{-x}$
  (3) $(D^3 - 5D^2 + 8D - 4)y = xe^{2x}$
  (4) $(D^2 - 3D + 2)y = 3 - 2x$
  (5) $(D^3 - 3D^2 + 4)y = e^{-2x}$
  (6) $(D^2 - 4)y = 4xe^{2x}$

3 次の定数係数連立微分方程式の一般解を求めなさい．
  (1) $\begin{cases} (D-6)y + 2(D+4)z = 4\sin 2x \\ 2(D+2)y + (D-2)z = 2\cos 2x \end{cases}$
  (2) $\begin{cases} (D^2 + 16)y - 6Dz = 0 \\ 6Dy + (D^2 + 16)z = 0 \end{cases}$

付録A

高階微分方程式・連立微分方程式

　3階以上の導関数を含む微分方程式を高階微分方程式といいます．2階微分方程式を解くことが1階微分方程式より難しいことからもわかるように，階数が高いほど解くのが困難であり，一般的な解法は第6章で述べた定数係数など特殊な高階微分方程式にしか存在しません．連立微分方程式は未知関数が2つ以上の微分方程式です．ふつう連立微分方程式を解くには未知関数を1つずつ消去していきますが，その場合に2階以上の高階の微分方程式が現れます．そのためやはり解くのは簡単ではありません．本付録では比較的簡単に解ける高階微分方程式や連立微分方程式の解法を述べ，さらに連立微分方程式の応用として1階偏微分方程式の解法を説明します．

本章の内容

特殊な形の高階微分方程式
連立微分方程式
ラグランジュの偏微分方程式
全微分方程式の拡張
1階偏微分方程式の完全解

A.1 特殊な形の高階微分方程式

高階微分方程式を解く場合には，2 階微分方程式の場合と同様，まず微分方程式の階数が下げられるかどうかを考えます．この場合，微分方程式が特殊な形をしていれば，すでに 3.1 節で述べた 2 階微分方程式を 1 階微分方程式に書き換える方法がそのまま使えます．

(a) 積 分 形

次の微分方程式

$$\frac{d^n y}{dx^n} = f(x) \tag{A.1}$$

の両辺を 1 回積分すれば

$$\frac{d^{n-1} y}{dx^{n-1}} = \int \frac{d^n y}{dx^n} dx = \int f(x) dx + A_0$$

となり，もう 1 回積分すると

$$\frac{d^{n-2} y}{dx^{n-2}} = \iint f(x) dx dx + A_0 x + A_1$$

となります（A_0, A_1 は任意定数）．同様に続けると，$C_0, C_1, \cdots, C_{n-1}$ を適当な任意定数として，

$$y = \iint \cdots \int f(x) dx \cdots dx dx + C_{n-1} x^{n-1} + \cdots + C_1 x + C_0$$

が得られます．ただし右辺の積分は n 回行うものとします．

問 A.1 次の微分方程式の一般解を求めなさい．

$$\frac{d^3 y}{dx^3} = x - \sin x$$

(b) $y^{(n)}$ が $y^{(n-2)}$ の関数の場合

たとえば，4 階微分方程式

$$\frac{d^4 y}{dx^4} = -4 \frac{d^2 y}{dx^2}$$

には y の 4 階微分と 2 階微分しか含まれていません．本項で取り扱う微分方程式は，そのような場合で，一般に

$$\frac{d^n y}{dx^n} = f\left(\frac{d^{n-2} y}{dx^{n-2}}\right) \tag{A.2}$$

という形をした微分方程式です．

この方程式は，$d^{n-2}y/dx^{n-2} = p$ とおけば

$$\frac{d^2 p}{dx^2} = f(p)$$

と書けます．一方，上の方程式は2階微分方程式であり，3.1節で述べた方法で解けます．その結果，2つの任意定数を含んだ解 $p = F(x, C_1, C_2)$ が得られたとします．もとの変数に戻せば

$$\frac{d^{n-2}y}{dx^{n-2}} = F(x, C_1, C_2)$$

となるため，**(a)** の方法にしたがって $n-2$ 回積分すれば一般解が得られます．

例題 A.1 次の微分方程式の一般解を求めなさい．

$$\frac{d^4 y}{dx^4} + 4\frac{d^2 y}{dx^2} = 0$$

【解】 $d^2 y/dx^2 = p$ とおけば

$$\frac{d^2 p}{dx^2} + 4p = 0$$

となり，この方程式を解けば

$$p = \frac{d^2 y}{dx^2} = C_5 \sin 2x + C_6 \cos 2x$$

となります．この式を2回積分して

$$y = C_1 \sin 2x + C_2 \cos 2x + C_3 x + C_4 \quad \left(C_1 = -\frac{C_5}{4}, \; C_2 = -\frac{C_6}{4}\right)$$

が得られます． □

問 A.2 次の微分方程式の一般解を求めなさい．

$$4\frac{d^4 y}{dx^4} = \frac{d^2 y}{dx^2}$$

(c) n 階微分方程式で，$y, y', \cdots, y^{(k-1)}$ が含まれない場合

次の微分方程式

$$x\frac{d^3 y}{dx^3} = \frac{d^2 y}{dx^2}$$

は3階微分方程式ですが，y と y' は含まれていません．このように，k を1以上の整

数として
$$F\left(x, \frac{d^k y}{dx^k}, \frac{d^{k+1} y}{dx^{k+1}}, \cdots, \frac{d^n y}{dx^n}\right) = 0 \tag{A.3}$$
の形の微分方程式を考えます．この方程式は $p = d^k y/dx^k$ とおけば
$$F\left(x, p, \frac{dp}{dx}, \cdots, \frac{d^{n-k} p}{dx^{n-k}}\right) = 0$$
となるため，$n-k$ 階微分方程式になります．

例題 A.2 次の微分方程式の一般解を求めなさい．
$$x\frac{d^3 y}{dx^3} = \frac{d^2 y}{dx^2}$$

【解】 $d^2 y/dx^2 = p$ とおけば 1 階微分方程式
$$x\frac{dp}{dx} = p$$
になります．これは変数分離形であるため，解は
$$p = \frac{d^2 y}{dx^2} = 6C_1 x$$
であり，さらに 2 回積分して
$$y = C_1 x^3 + C_2 x + C_3$$
が得られます． □

問 A.3 次の微分方程式の一般解を求めなさい．
$$\frac{d^3 y}{dx^3} = 2\frac{d^2 y}{dx^2}$$

微分方程式が以下の **(d)** ～ **(f)** のどれかにあてはまる場合，階数を 1 つ下げることができます．

(d) x を含まない場合

見かけ上，微分方程式に独立変数が含まれない場合があります．すなわち，x を独立変数とした場合に
$$F\left(y, \frac{dy}{dx}, \frac{d^2 y}{dx^2}, \cdots, \frac{d^n y}{dx^n}\right) = 0 \tag{A.4}$$
という形をした微分方程式です．

A.1 特殊な形の高階微分方程式

この場合には，$p = dy/dx$ とおいて，y を独立変数，p を従属変数とみなします．このとき，

$$\frac{d^2y}{dx^2} = \frac{dp}{dx} = \frac{dp}{dy}\frac{dy}{dx} = p\frac{dp}{dy}$$

$$\frac{d^3y}{dx^3} = \frac{d}{dx}\left(\frac{d^2y}{dx^2}\right) = \frac{dy}{dx}\frac{d}{dy}\left(p\frac{dp}{dy}\right) \qquad \text{(A.5)}$$

$$= p\frac{d}{dy}\left(p\frac{dp}{dy}\right) = p^2\frac{d^2p}{dy^2} + p\left(\frac{dp}{dy}\right)^2$$

$$\cdots$$

となるため，これらの関係を式 (A.4) に代入すれば，

$$G\left(y, \frac{dp}{dy}, \frac{d^2p}{dy^2}, \cdots, \frac{d^np}{dy^n}\right) = 0 \qquad \text{(A.6)}$$

という y を独立変数とした $n-1$ 階微分方程式が得られます．

例題 A.3 次の微分方程式の一般解を求めなさい．

$$\frac{dy}{dx}\frac{d^3y}{dx^3} + \left(\frac{d^2y}{dx^2}\right)^2 - 1 = 0$$

【解】 これは 3 階微分方程式ですが，まず $z = dy/dx$ とおけば

$$z\frac{d^2z}{dx^2} + \left(\frac{dz}{dx}\right)^2 - 1 = 0$$

のように 2 階微分方程式になります．さらに独立変数 x を含まないため，$p = dz/dx$ とおきます．式 (A.5) から $d^2y/dx^2 = p\,dp/dz$ であるので，上式は 1 階微分方程式

$$pz\frac{dp}{dz} = 1 - p^2$$

になります．この方程式は変数分離形であるため第 2 章で述べたように簡単に解が求まります．具体的には解は

$$1 - p^2 = \pm\frac{1}{(Cz)^2}$$

です．この式を p について解くと

$$p = \frac{dz}{dx} = \frac{\sqrt{C_4^2 z^2 \pm 1}}{C_4 z}$$

となりますが，これも変数分離形であり，その解は

$$x = \int \frac{C_4 z}{\sqrt{C_4^2 z^2 \pm 1}}dz = \frac{1}{C_4}\sqrt{C_4^2 z^2 \pm 1} + C_5$$

です。この式を z について解けば $C_1 = -2C_5, C_2 = C_5^2 \mp 1/C_4^2$ として

$$z = \frac{dy}{dx} = \sqrt{x^2 + C_1 x + C_2} = \sqrt{X^2 + A} \quad \left(\text{ただし } X = x + \frac{C_1}{2}, A = C_2 - \frac{C_1^2}{4}\right)$$

となります。ここで公式†

$$\int \sqrt{X^2 + A} \, dX = \frac{1}{2}\left(X\sqrt{X^2 + A} + A\log\left|X + \sqrt{X^2 + A}\right|\right) \quad (A \neq 0)$$

を用いれば一般解として

$$y = \frac{2x + C_1}{4}\sqrt{x^2 + C_1 x + C_2} + \frac{4C_2 - C_1^2}{8}\log\left|x + \frac{C_1}{2} + \sqrt{x^2 + C_1 x + C_2}\right| + C_3$$

が得られます。 □

問 A.4 次の微分方程式の一般解を求めなさい。

$$\frac{d^2 y}{dx^2} - 2y\frac{dy}{dx} = 0$$

(e) y について同次形

一般に微分方程式

$$F\left(x, y, \frac{dy}{dx}, \cdots, \frac{d^n y}{dx^n}\right) = 0 \tag{A.7}$$

において、y を λy という置き換えをおこなったときに、関数 F が

$$F\left(x, \lambda y, \lambda \frac{dy}{dx}, \cdots, \lambda \frac{d^n y}{dx^n}\right) = \lambda^m F\left(x, y, \frac{dy}{dx}, \cdots, \frac{d^n y}{dx^n}\right) \tag{A.8}$$

という関係を満たしたとします。このとき、F は y について m 次の**同次関数**であるとよばれます。

F が y について同次関数の場合には従属変数の変換

$$y = e^z \tag{A.9}$$

を行うと上記 (c) で $k = 1$ の場合に帰着します。なぜなら、

---

† $\displaystyle\int 1 \cdot \sqrt{x^2 + A}\, dx = x\sqrt{x^2 + A} - \int \frac{x^2 + A - A}{\sqrt{x^2 + A}} dx$

$\displaystyle\phantom{\int 1 \cdot \sqrt{x^2 + A}\, dx} = x\sqrt{x^2 + A} - \int \sqrt{x^2 + A}\, dx + \int \frac{A\, dx}{\sqrt{x^2 + A}}$

と変形し $\displaystyle\int \frac{dx}{\sqrt{x^2 + A}} = \log\left|x + \sqrt{x^2 + A}\right|$ を用い、右辺の $\displaystyle\int \sqrt{x^2 + A}\, dx$ を移項。

A.1 特殊な形の高階微分方程式

$$\frac{dy}{dx} = e^z \frac{dz}{dx}, \quad \frac{d^2y}{dx^2} = e^z \left(\frac{d^2z}{dx^2} + \left(\frac{dz}{dx} \right)^2 \right)$$

$$\frac{d^3y}{dx^3} = e^z \left(\frac{d^3z}{dx^3} + 3\frac{dz}{dx}\frac{d^2z}{dx^2} + \left(\frac{dz}{dx} \right)^3 \right) \tag{A.10}$$

$$\cdots$$

となるため，これらの関係を式 (A.7) に代入すれば

$$F\left(x, y, \frac{dy}{dx}, \cdots, \frac{d^n y}{dx^n} \right) = F\left(x, e^z, e^z \frac{dz}{dx}, e^z \left(\frac{d^2z}{dx^2} + \left(\frac{dz}{dx} \right)^2 \right), \cdots \right)$$

$$= e^{mz} F\left(x, 1, \frac{dz}{dx}, \frac{d^2z}{dx^2} + \left(\frac{dz}{dx} \right)^2, \frac{d^3z}{dx^3} + 3\frac{dz}{dx}\frac{d^2z}{dx^2} + \left(\frac{dz}{dx} \right)^3, \cdots \right) = 0$$

となります．この方程式を整理すれば

$$G\left(x, \frac{dz}{dx}, \cdots, \frac{d^n z}{dx^n} \right) = 0$$

という形になるため，従属変数 z が陽に含まれない形になります．したがって，$dz/dx = p$ とおけば $n-1$ 階の微分方程式になります．

例題 A.4 次の微分方程式が y について同次形であることを確かめた上で一般解を求めなさい．

$$y\frac{d^2y}{dx^2} + \left(\frac{dy}{dx} \right)^2 + \frac{3y}{x}\frac{dy}{dx} = 0$$

【解】 y のかわりに λy という置き換えを行ってみます．このとき，λy を x で微分すると

$$(\lambda y)' = \lambda y', \quad (\lambda y)'' = \lambda y''$$

となることを使えば，

$$\lambda^2 y \frac{d^2y}{dx^2} + \lambda^2 \left(\frac{dy}{dx} \right)^2 + \frac{3\lambda^2 y}{x}\frac{dy}{dx} = \lambda^2 \left(y\frac{d^2y}{dx^2} + \left(\frac{dy}{dx} \right)^2 + \frac{3y}{x}\frac{dy}{dx} \right)$$

となります．したがって，この方程式は y に関して 2 次の同次形になります．そこで，従属変数の変換 $y = e^z$ を行えば

$$e^{2z}\left(\frac{d^2z}{dx^2} + \left(\frac{dz}{dx} \right)^2 \right) + e^{2z}\left(\frac{dz}{dx} \right)^2 + \frac{3}{x}e^{2z}\frac{dz}{dx} = 0$$

すなわち

$$\frac{d^2z}{dx^2} + 2\left(\frac{dz}{dx}\right)^2 + \frac{3}{x}\frac{dz}{dx} = 0$$

となり，z が含まれない形に変形できます．上の方程式は $p = dz/dx$ とおけばベルヌーイの方程式

$$\frac{dp}{dx} + \frac{3}{x}p = -2p^2$$

になります．そこで $q = p^{1-2} = p^{-1}$ という変換を行えば線形微分方程式

$$\frac{dq}{dx} - \frac{3}{x}q = 2$$

に変換されて，解は

$$q = C_1 x^3 - x$$

となります．したがって

$$\frac{1}{q} = p = \frac{dz}{dx} = \frac{1}{C_1 x^3 - x} = -\frac{1}{x} + \frac{C_1 x}{C_1 x^2 - 1}$$

を積分すれば

$$z = -\log|x| + \frac{1}{2}\log|C_1 x^2 - 1| + C_3$$

となるため，

$$y = e^z = \frac{C_2 \sqrt{|C_1 x^2 - 1|}}{x}$$

が得られます． □

(f) x について同次形

微分方程式 (A.7)，すなわち

$$F\left(x, y, \frac{dy}{dx}, \cdots, \frac{d^n y}{dx^n}\right) = 0$$

において，独立変数 x を μx で置き換えたとします．このとき各微分は

$$\frac{dy}{dx} \to \frac{1}{\mu}\frac{dy}{dx}, \quad \frac{d^2 y}{dx^2} \to \frac{1}{\mu^2}\frac{d^2 y}{dx^2}, \quad \cdots$$

と変換されます．この変換を行った場合に，関数 F が

$$F\left(\mu x, y, \frac{1}{\mu}\frac{dy}{dx}, \frac{1}{\mu^2}\frac{d^2 y}{dx^2}, \cdots, \frac{1}{\mu^n}\frac{d^n y}{dx^n}\right) = \mu^m F\left(x, y, \frac{dy}{dx}, \frac{d^2 y}{dx^2}, \cdots, \frac{d^n y}{dx^n}\right)$$

という関係を満たしたとします．このとき，関数 F は x について m 次の同次関数であるとよびます．このとき，以下に示すように独立変数の変換

$$x = e^t \tag{A.11}$$

により微分方程式の階数を下げることができます．

実際，

$$\frac{dy}{dx} = \frac{dy}{dt} \bigg/ \frac{dx}{dt} = \frac{1}{e^t}\frac{dy}{dt}$$

$$\frac{d^2y}{dx^2} = \frac{d}{dt}\left(e^{-t}\frac{dy}{dt}\right) \bigg/ \frac{dx}{dt} = \frac{1}{e^{2t}}\left(\frac{d^2y}{dt^2} - \frac{dy}{dt}\right)$$

$$\frac{d^3y}{dx^3} = \frac{d}{dt}\left(e^{-2t}\left(\frac{d^2y}{dt^2} - \frac{dy}{dt}\right)\right) \bigg/ \frac{dx}{dt} = \frac{1}{e^{3t}}\left(\frac{d^3y}{dt^3} - 3\frac{d^2y}{dt^2} + 2\frac{dy}{dt}\right)$$

$$\cdots$$

であるので，これらをもとの微分方程式 (A.7) に代入して

$$F\left(x, y, \frac{dy}{dx}, \cdots, \frac{d^n y}{dx^n}\right) = F\left(e^t, y, \frac{1}{e^t}\frac{dy}{dt}, \frac{1}{e^{2t}}\left(\frac{d^2y}{dt^2} - \frac{dy}{dt}\right), \cdots\right)$$

$$= e^{mt} F\left(1, y, \frac{dy}{dt}, \frac{d^2y}{dt^2} - \frac{dy}{dt}, \cdots\right) = 0$$

となります．この方程式は

$$G\left(y, \frac{dy}{dt}, \cdots, \frac{d^n y}{dt^n}\right) = 0$$

と変形できますが，独立変数を陽に含まないため，**(d)** に帰着されます．

例題A.5 次の微分方程式が x について同次形であることを確かめた上で一般解を求めなさい．

$$y\frac{d^2y}{dx^2} + \left(\frac{dy}{dx}\right)^2 + \frac{3y}{x}\frac{dy}{dx} = 0$$

【解】 この方程式は例題 A.4 と同じもので y について同次ですが，x に関しても同次であるため上に述べた方法が使えます．実際このことは x のかわりに μx を代入すると

$$\frac{y}{\mu^2}\frac{d^2y}{dx^2} + \left(\frac{1}{\mu}\frac{dy}{dx}\right)^2 + \frac{3y}{\mu x}\frac{1}{\mu}\frac{dy}{dx} = \frac{1}{\mu^2}\left(y\frac{d^2y}{dx^2} + \left(\frac{dy}{dx}\right)^2 + \frac{3y}{x}\frac{dy}{dx}\right)$$

となることから確かめられます．そこで $x = e^t$ とおくと

$$ye^{-2t}\left(\frac{d^2y}{dt^2} - \frac{dy}{dt}\right) + e^{-2t}\left(\frac{dy}{dt}\right)^2 + 3e^{-t}ye^{-t}\frac{dy}{dt} = 0$$

より，

となります．ここで $dy/dt = p$ とおいて

$$\frac{d^2y}{dt^2} = \frac{dp}{dt} = \left(\frac{dp}{dy}\right)\left(\frac{dy}{dt}\right)$$
$$= p\left(\frac{dp}{dy}\right)$$

をもとの方程式に代入すれば

$$yp\frac{dp}{dy} + 2yp + p^2 = 0$$

となります．これから

$$p = 0 \quad \text{または} \quad \frac{dp}{dy} + \frac{1}{y}p = -2$$

となり，前者から $y = C_1$ であり，後者は 1 階線形方程式なので簡単に解けて

$$p = \frac{dy}{dt} = \frac{-y^2 + C_3}{y}$$

が得られます．この方程式は変数分離形で，解は

$$t = -\frac{1}{2}\log|y^2 - C_3| + C_2$$

となり，$t = \log x$ であるため，任意定数を適当に選べば

$$x = \frac{C_4}{\sqrt{|y^2 - C_3|}}$$

となります．なお，この解は例題 A.4 で求めた解と同じであることは容易に確かめられます． □

A.2 連立微分方程式

1 つの変数 x を独立変数とするいくつかの未知関数 $y_1(x), \cdots, y_n(x)$ があり，それらの関数の間に導関数を含んだいくつかの関係式があるとします．それらの関係式を，未知関数を決める方程式とみなしたとき，**連立微分方程式**とよびます．本節では次の形の 1 階の連立微分方程式

A.2 連立微分方程式

$$\begin{cases} \dfrac{dy_1}{dx} = f_1(x, y_1, \cdots, y_n) \\ \dfrac{dy_2}{dx} = f_2(x, y_1, \cdots, y_n) \\ \qquad \cdots \\ \dfrac{dy_n}{dx} = f_n(x, y_1, \cdots, y_n) \end{cases} \tag{A.12}$$

を考えます.

簡単な場合として $n=2$ の場合, $y_1=y, y_2=z, f_1=f, f_2=g$ と書くことにすれば, 式 (A.12) は

$$\begin{cases} \dfrac{dy}{dx} = f(x, y, z) \\ \dfrac{dz}{dx} = g(x, y, z) \end{cases} \tag{A.13}$$

になります. 第 4 章で取り扱った定数係数 1 階線形連立微分方程式はその特殊な場合になっています. そのときの取り扱いにならって未知関数 z を消去することを考えます. 式 (A.13) の第 1 式を x で微分する場合, 右辺の微分に注意する必要があります. すなわち, 右辺の関数 f には x の関数 y と z が含まれています. そこで, **合成関数の微分法**を用いれば,

$$\frac{df}{dx} = \frac{\partial f}{\partial x}\frac{dx}{dx} + \frac{\partial f}{\partial y}\frac{dy}{dx} + \frac{\partial f}{\partial z}\frac{dz}{dx} \tag{A.14}$$

となります. この式で $dx/dx = 1$ および式 (A.13) から $dy/dx = f, dz/dx = g$ を考慮すれば

$$\frac{df}{dx} = \frac{\partial f}{\partial x} + \frac{\partial f}{\partial y}f + \frac{\partial f}{\partial z}g \tag{A.15}$$

となるため, 式 (A.13) の第 1 式を x で微分した式は

$$\frac{d^2y}{dx^2} = \frac{df}{dx} = \frac{\partial f}{\partial x} + \frac{\partial f}{\partial y}f + \frac{\partial f}{\partial z}g \tag{A.16}$$

となります. f と g が x, y, z のみの関数であるため, 上式の右辺には dz/dx を含んでいません. そこで, この式と式 (A.13) の第 1 式から z を消去できます. その結果, y を未知関数とする

$$F\left(x, y, \frac{dy}{dx}, \frac{d^2y}{dx^2}\right) = 0$$

という形をした 2 階微分方程式が得られます. この 2 階微分方程式を解けば, 2 つの任意定数を含んだ解

$$y = \varphi_1(x, C_1, C_2)$$

が得られます.

z を求めるには,この解を式 (A.13) の第 1 式の左辺に代入し,それを z について解けばよく,その結果,積分することなしに

$$z = \varphi_2(x, C_1, C_2)$$

という形の解が得られます.この場合,積分を行っていないため,y に現れたものと同じ任意定数が含まれます.このように方程式 (A.13) は 2 つの任意定数を含む解をもちます.

以上の手順を具体例を用いて示してみます.

例題 A.6 次の連立微分方程式の一般解を求めなさい.

$$\begin{cases} \dfrac{dy}{dx} = \dfrac{z}{x} \\ \dfrac{dz}{dx} = \dfrac{4y}{x} \end{cases}$$

【解】 式 (A.16) で $f = z/x, g = 4y/x$ とおけば

$$\frac{d^2 y}{dx^2} = \frac{\partial f}{\partial x} + \frac{\partial f}{\partial y} f + \frac{\partial f}{\partial z} g = -\frac{z}{x^2} + 0 \times \frac{z}{x} + \frac{1}{x} \times \frac{4y}{x}$$
$$= -\frac{1}{x^2} \times x \frac{dy}{dx} + \frac{4y}{x^2} = -\frac{1}{x} \frac{dy}{dx} + \frac{4y}{x^2}$$

すなわち,

$$x^2 \frac{d^2 y}{dx^2} + x \frac{dy}{dx} - 4y = 0$$

となります.ただし,z を消去するため,連立方程式の第 1 式を用いています.この方程式はオイラー型であるため,$y = x^\lambda$ とおいて

$$(\lambda(\lambda - 1) + \lambda - 4)x^\lambda = 0$$

したがって,$\lambda = \pm 2$ で

$$y = C_1 x^2 + \frac{C_2}{x^2}$$

となります.この関係を y に関するもとの微分方程式 (第 1 式) に代入して

$$z = x \frac{dy}{dx} = 2C_1 x^2 - \frac{2C_2}{x^2}$$

なお,上と同じ手続きにより原理的に連立 n 元微分方程式 (A.12) が 1 つの従属変数 (未知関数) に対する n 階微分方程式に書き換えられます.　□

問 A.5 次の連立微分方程式の一般解を求めなさい．

(1) $\begin{cases} \dfrac{dy}{dx} + z = 3y \\ \dfrac{dz}{dx} - z = y \end{cases}$ (2) $\begin{cases} \dfrac{dy}{dx} = \dfrac{z+x}{y-z} \\ \dfrac{dz}{dx} = \dfrac{x+y}{y-z} \end{cases}$

A.3 ラグランジュの偏微分方程式

連立微分方程式の応用として次の形の偏微分方程式

$$A(x,y,z)\frac{\partial z}{\partial x} + B(x,y,z)\frac{\partial z}{\partial y} = C(x,y,z) \quad (A.17)$$

を取り上げます．ここで $z(x,y)$ が未知関数であり，A, B, C は形の与えられた x, y, z の関数です．この形の偏微分方程式をラグランジュの偏微分方程式とよんでいます．

いま，x と y がパラメータ s を介して関係づけられているとします．このとき，z を s で微分すれば

$$\frac{dz}{ds} = \frac{\partial z}{\partial x}\frac{dx}{ds} + \frac{\partial z}{\partial y}\frac{dy}{ds} \quad (A.18)$$

となります．式 (A.17), (A.18) を比較すれば，

$$\frac{dx}{ds} = \lambda A(x,y,z), \quad \frac{dy}{ds} = \lambda B(x,y,z), \quad \frac{dz}{ds} = \lambda C(x,y,z) \quad (A.19)$$

が成り立つ場合には両者は一致します．ただし，λ は恒等的には 0 でない x, y, z の関数です．A が 0 でないとき式 (A.19) の第 2 式を第 1 式で割れば

$$\frac{dy}{dx} \left(= \frac{dy/ds}{dx/ds} \right) = \frac{B(x,y,z)}{A(x,y,z)} \quad (A.20)$$

となり，同様に A が 0 でないとき式 (A.19) の第 3 式を第 1 式で割れば

$$\frac{dz}{dx} \left(= \frac{dz/ds}{dx/ds} \right) = \frac{C(x,y,z)}{A(x,y,z)} \quad (A.21)$$

となります．

式 (A.20), (A.21) は連立 2 元の 1 階微分方程式でなので，それを解けば

$$y = a(x, C_1, C_2), \quad z = b(x, C_1, C_2)$$

という形の解が得られます．これらの式を C_1, C_2 について解けば

$$C_1 = \alpha(x,y,z), \quad C_2 = \beta(x,y,z)$$

となります．このとき，ラグランジュの偏微分方程式の一般解は

$$\beta(x,y,z) = \psi(\alpha(x,y,z)) \quad \text{または} \quad \varphi(\alpha(x,y,z), \beta(x,y,z)) = 0 \quad (A.22)$$

で与えられます†．ただし，ψ, φ は任意の関数です．

なお，式 (A.20), (A.21) は x, y, z に関して対等な形の

$$\frac{dx}{A} = \frac{dy}{B} = \frac{dz}{C} \quad (A.23)$$

と書くことができます．この方程式を**補助方程式**といいます．

> **例題 A.7** 次の偏微分方程式の一般解を求めなさい．
> $$2\frac{\partial z}{\partial x} + 3\frac{\partial z}{\partial y} = 6z$$

【解】 式 (A.19) は

$$\frac{dx}{ds} = 2\lambda, \quad \frac{dy}{ds} = 3\lambda, \quad \frac{dz}{ds} = 6\lambda z$$

となり，この式から

$$\frac{dy}{dx}\left(= \frac{dy/ds}{dx/ds}\right) = \frac{3}{2}, \quad \frac{dz}{dx}\left(= \frac{dz/ds}{dx/ds}\right) = 3z$$

が得られます．これらの式は容易に積分できて

$$y = \frac{3}{2}x + C_1, \quad z = C_2 e^{3x}$$

となるため，一般解は

$$z = e^{3x}\psi\left(y - \frac{3}{2}x\right)$$

になります（ψ：任意関数）． □

問 A.6 上の例題で得られた解が実際にもとの偏微分方程式を満足することを確かめなさい．

問 A.7 次の偏微分方程式の一般解を求めなさい．
$$yz\frac{\partial z}{\partial x} + zx\frac{\partial z}{\partial x} = xy$$

---

† このことは C_1 と C_2 は任意定数であるため，これらの定数を関連づけて，$C_2 = \psi(C_1)$ または $\varphi(C_1, C_2)$ と書いたとき，ψ と φ は特定の関数にはならず任意にとらなければならないということから理解されます．

ラグランジュの偏微分方程式は一般的には

$$f_1 \frac{\partial u}{\partial x_1} + f_2 \frac{\partial u}{\partial x_2} + \cdots + f_n \frac{\partial u}{\partial x_n} = g \tag{A.24}$$

の形をしています．ここで $f_1, \cdots, f_n, g$ は $x_1, \cdots, x_n, u$ の形のわかった関数，u は求めるべき未知関数です．この方程式は 2 独立変数の場合と同様に，以下のようにして解くことができます．

方程式 (A.24) に対する補助方程式

$$\frac{dx_1}{f_1} = \frac{dx_2}{f_2} = \cdots = \frac{dx_n}{f_n} = \frac{du}{g} \tag{A.25}$$

を解いて，n 個の独立な解

$$\alpha_1(x_1, \cdots, u) = c_1, \quad \alpha_2(x_1, \cdots, u) = c_2, \quad \ldots, \quad \alpha_n(x_1, \cdots, u) = c_n \tag{A.26}$$

を求めます．このとき式 (A.24) の一般解は

$$\varphi(\alpha_1, \alpha_2, \cdots, \alpha_n) = 0 \tag{A.27}$$

で与えられます．

A.4　全微分方程式の拡張

本節では 3.2 節の積分因子のところで議論した微分方程式の拡張である

$$f(x, y, z)dx + g(x, y, z)dy + h(x, y, z)dz = 0 \tag{A.28}$$

の形の微分方程式を考えます．この形の微分方程式を**全微分方程式**とよんでいます．いま，関数 f, g, h がそれぞれある関数 $F(x, y, z)$ の x, y, z に関する偏導関数に比例すると仮定します．すなわち，

$$\frac{\partial F}{\partial x} = \mu f(x, y, z), \quad \frac{\partial F}{\partial y} = \mu g(x, y, z), \quad \frac{\partial F}{\partial z} = \mu h(x, y, z) \tag{A.29}$$

が成り立つとします．関数 F の全微分 dF は

$$dF = \frac{\partial F}{\partial x}dx + \frac{\partial F}{\partial y}dy + \frac{\partial F}{\partial z}dz \tag{A.30}$$

であるため，式 (A.29) が成り立つ場合には

$$\begin{aligned} &f(x,y,z)dx + g(x,y,z)dy + h(x,y,z)dz \\ &= \frac{1}{\mu}\left(\frac{\partial F}{\partial x}dx + \frac{\partial F}{\partial y}dy + \frac{\partial F}{\partial z}dz\right) = \frac{1}{\mu}dF = 0 \end{aligned}$$

となります．したがって，
$$F(x,y,z) = C \tag{A.31}$$
が解になります．ただし，C は任意定数です．

以上のことから，全微分方程式を解くためにはこのような関数 $\mu(x,y,z)$ を見つければよいわけですが，関係式 (A.29) を満たす必要があるため，常に見つかるわけではありません．この関係を別の形で表現してみます．

式 (A.29) の第 1 式を y で偏微分すれば
$$\frac{\partial^2 F}{\partial y \partial x} = \frac{\partial \mu}{\partial y} f + \mu \frac{\partial f}{\partial y}$$
になります．さらに式 (A.29) の第 2 式を x で偏微分すれば
$$\frac{\partial^2 F}{\partial x \partial y} = \frac{\partial \mu}{\partial x} g + \mu \frac{\partial g}{\partial x}$$
が得られます．これらの両式が等しいため
$$\mu \left(\frac{\partial f}{\partial y} - \frac{\partial g}{\partial x} \right) = g \frac{\partial \mu}{\partial x} - f \frac{\partial \mu}{\partial y}$$
となります．同様に式 (A.29) の第 2 式を z で偏微分したものと第 3 式を y で偏微分したものが等しく，式 (A.29) の第 3 式を x で偏微分したものと第 1 式を z で偏微分したものが等しいため
$$\mu \left(\frac{\partial g}{\partial z} - \frac{\partial h}{\partial y} \right) = h \frac{\partial \mu}{\partial y} - g \frac{\partial \mu}{\partial z}$$
$$\mu \left(\frac{\partial h}{\partial x} - \frac{\partial f}{\partial z} \right) = f \frac{\partial \mu}{\partial z} - h \frac{\partial \mu}{\partial x}$$
となります．

これらの 3 つの式から μ を消去するため，上から順に h, f, g を掛けて，そのあと μ で割れば
$$f \left(\frac{\partial g}{\partial z} - \frac{\partial h}{\partial y} \right) + g \left(\frac{\partial h}{\partial x} - \frac{\partial f}{\partial z} \right) + h \left(\frac{\partial f}{\partial y} - \frac{\partial g}{\partial x} \right) = 0 \tag{A.32}$$
が得られます．式 (A.32) は全微分方程式 (A.28) が式 (A.30) の形に書き換えられるための必要条件であり，このとき方程式 (A.28) は解 (A.31) をもちます．逆に式 (A.32) が成り立てば式 (A.31) が全微分方程式 (A.28) の解であることも知られています．そこで，式 (A.32) は**積分可能条件**とよばれています．

例題 A.8 次の方程式が積分可能条件を満たすことを確かめた上で解きなさい．
$$(x+y)dx + xdy + zdz = 0$$

【解】 式 (A.28) と見比べると
$$f = x+y, \quad g = x, \quad h = z$$
であるため，式 (A.32) は
$$f\left(\frac{\partial g}{\partial z} - \frac{\partial h}{\partial y}\right) + g\left(\frac{\partial h}{\partial x} - \frac{\partial f}{\partial z}\right) + h\left(\frac{\partial f}{\partial y} - \frac{\partial g}{\partial x}\right)$$
$$= (x+y)(0-0) + x(0-0) + z(1-1) = 0$$
となります．したがって，積分可能条件を満たします．ここで，
$$xdx = d\left(\frac{x^2}{2}\right), \quad xdy + ydx = d(xy), \quad zdz = d\left(\frac{z^2}{2}\right)$$
に注意すれば
$$(x+y)dx + xdy + zdz = xdx + (ydx + xdy) + zdz = d\left(\frac{x^2}{2}\right) + d(xy) + d\left(\frac{z^2}{2}\right)$$
$$= d\left(\frac{x^2}{2} + xy + \frac{z^2}{2}\right)$$
となります．したがって，解は
$$x^2 + 2xy + z^2 = C$$
です． □

問 A.8 次の全微分方程式の解を求めなさい．
(1) $xdx + ydy + zdz = 0$
(2) $yzdx + zxdy + xydz = 0$

A.5　1階偏微分方程式の完全解

本節では連立微分方程式および全微分方程式の応用として，2つの独立変数に関する一般の1階偏微分方程式の解を求める方法である**シャルピ (Charpit) の解法**を紹介します．

未知関数 $z(x,y)$ に対する1階偏微分方程式は
$$p = \frac{\partial z}{\partial x}, \quad q = \frac{\partial z}{\partial y} \tag{A.33}$$
とおいたとき
$$F(x,y,z,p,q) = 0 \tag{A.34}$$
という形をしています．

さて，未知関数 $z(x,y)$ の全微分は

$$dz = \frac{\partial z}{\partial x}dx + \frac{\partial z}{\partial y}dy = pdx + qdy$$

ですが，この式を

$$pdx + qdy + (-1)dz = 0 \tag{A.35}$$

と書き換えれば式 (A.28) の形の全微分方程式にできます．ただし，この場合，p,q は x,y,z の関数としてすでに定められていると解釈します．

式 (A.35) が積分可能条件を満たせば，式 (A.31) の形の解が求まります．そこで，積分可能条件 (A.32) を式 (A.35) に対して具体的に書いてみます．式 (A.28) と見比べれば

$$f = p, \quad g = q, \quad h = -1$$

であるため，積分可能条件として

$$\frac{\partial q}{\partial x} - \frac{\partial p}{\partial y} + p\frac{\partial q}{\partial z} - q\frac{\partial p}{\partial z} = 0 \tag{A.36}$$

が得られます．

ここで，p,q の間に補助になる方程式

$$\psi(x,y,z,p,q) = a \quad (a:\text{任意定数}) \tag{A.37}$$

を仮定します．このように仮定する理由は，もし ψ が x,y,z の関数として決定できれば，式 (A.34) と (A.37) を p,q に関する連立方程式とみなして，p,q について解くことができるからです．そして，p,q を式 (A.35) に代入すれば積分可能な全微分方程式が得られるため，それを解くことによって解が求まります．

ψ は未知であるため，それを決めるために積分可能条件 (A.32) を用います．式 (A.32) の各項を計算するため，まず方程式 (A.34), (A.37) を x で偏微分すれば

$$\frac{\partial F}{\partial x} + \frac{\partial F}{\partial p}\frac{\partial p}{\partial x} + \frac{\partial F}{\partial q}\frac{\partial q}{\partial x} = 0$$

$$\frac{\partial \psi}{\partial x} + \frac{\partial \psi}{\partial p}\frac{\partial p}{\partial x} + \frac{\partial \psi}{\partial q}\frac{\partial q}{\partial x} = 0$$

になります．ただし，p,q は x,y,z の関数であることを用いています．この 2 つの式を $\partial p/\partial x, \partial q/\partial x$ に関する連立 1 次方程式とみなして解けば，解として

$$\frac{\partial q}{\partial x} = \frac{1}{\Delta}\left(\frac{\partial F}{\partial x}\frac{\partial \psi}{\partial p} - \frac{\partial F}{\partial p}\frac{\partial \psi}{\partial x}\right)$$

が得られます．ただし，

$$\Delta = \frac{\partial F}{\partial p}\frac{\partial \psi}{\partial q} - \frac{\partial F}{\partial q}\frac{\partial \psi}{\partial p}$$

です．同様に方程式 (A.34), (A.37) を y で偏微分した式から

$$\frac{\partial p}{\partial y} = -\frac{1}{\Delta}\left(\frac{\partial F}{\partial y}\frac{\partial \psi}{\partial q} - \frac{\partial F}{\partial q}\frac{\partial \psi}{\partial y}\right)$$

が得られ，方程式 (A.34), (A.37) を z で偏微分した式から

$$\frac{\partial q}{\partial z} = \frac{1}{\Delta}\left(\frac{\partial F}{\partial z}\frac{\partial \psi}{\partial p} - \frac{\partial F}{\partial p}\frac{\partial \psi}{\partial y}\right)$$

が得られます．これらの関係を式 (A.32) に代入すれば

$$\frac{\partial F}{\partial p}\frac{\partial \psi}{\partial x} + \frac{\partial F}{\partial q}\frac{\partial \psi}{\partial y} + \left(p\frac{\partial F}{\partial p} + q\frac{\partial F}{\partial q}\right)\frac{\partial \psi}{\partial z}$$
$$- \left(\frac{\partial F}{\partial x} + p\frac{\partial F}{\partial z}\right)\frac{\partial \psi}{\partial p} - \left(\frac{\partial F}{\partial y} + q\frac{\partial F}{\partial z}\right)\frac{\partial \psi}{\partial q} = 0 \qquad (A.38)$$

になります．この方程式は未知関数 ψ に関するラグランジュの偏微分方程式になっています．そこで補助方程式 (A.25) をつくれば，

$$\frac{dx}{\frac{\partial F}{\partial p}} = \frac{dy}{\frac{\partial F}{\partial q}} = \frac{dz}{p\frac{\partial F}{\partial p} + q\frac{\partial F}{\partial q}} = -\frac{dp}{\frac{\partial F}{\partial x} + p\frac{\partial F}{\partial z}} = -\frac{dq}{\frac{\partial F}{\partial y} + q\frac{\partial F}{\partial z}} \qquad (A.39)$$

になります．

1 階偏微分方程式の解を求める場合，必要になるものは p, q の間の 1 つの関係式で，それさえ求まれば，連立微分方程式 (A.39) を完全に解く必要はありません．なぜなら，p, q の間の 1 つの関係式ともとの偏微分方程式 (A.34) から p, q を x, y, z の関数で表せばよいからです．

以上の解法をまとめると以下のようになります．1 階偏微分方程式 (A.34) を解くには，対応するラグランジュの偏微分方程式の補助方程式 (A.39) を用いて p, q 間の 1 つの関係式を定めます．この関係式と式 (A.34) から p, q を x, y, z の関数として定めます．それを

$$p = p(x, y, z), \quad q = q(x, y, z)$$

とすれば，方程式

$$p(x, y, z)dx + q(x, y, z)dy - dz = 0 \qquad (A.40)$$

は積分可能となり，これを解けば解が得られます（シャルピの解法）．

> **例題 A.9** 次の偏微分方程式の一般解をシャルピの解法で求めなさい.
> $$xp + yq = pq$$

【解】 $F = xp + yq - pq = 0$ とおきます. このとき

$$\frac{\partial F}{\partial x} = p, \quad \frac{\partial F}{\partial y} = q, \quad \frac{\partial F}{\partial z} = 0$$

$$\frac{\partial F}{\partial p} = x - q, \quad \frac{\partial F}{\partial q} = y - p$$

となります. したがって, 式 (A.39) は

$$\frac{dx}{x-q} = \frac{dy}{y-p} = \frac{dz}{px+qy-2pq} = -\frac{dp}{p} = -\frac{dq}{q}$$

となります. 1番最後の等式から

$$\int \frac{dq}{q} = \int \frac{dp}{p}$$

となり, 積分を実行すると

$$q = C_1 p$$

が得られます. この式ともとの方程式から

$$p = \frac{x}{C_1} + y$$
$$q = x + C_1 y$$

となり, 式 (A.40) は

$$\left(\frac{x}{C_1} + y\right) dx + (x + C_1 y) dy - dz = 0$$

となります. この式は

$$d\left(\frac{x^2}{2C_1}\right) + d(xy) + d\left(\frac{C_1 y^2}{2}\right) + d(-z) = d\left(\frac{x^2}{2C_1} + xy + \frac{C_1 y^2}{2} - z\right) = 0$$

と変形できるため, 解として

$$z = \frac{x^2}{2C_1} + xy + \frac{C_1 y^2}{2} + C_2$$

が得られます. □

この例で示したように, シャルピの解法で1階偏微分方程式を解くと, 2つの任意定数を含む解が得られます. このような解を**完全解**とよんでいます.

> **問 A.9** 次の偏微分方程式の完全解をシャルピの解法を用いて求めなさい.
> $$pq = xy$$

付録B

ラプラス変換による常微分方程式の解法

　定数係数の線形常微分方程式は記号法とよばれる方法で簡単に解けることを第6章で示しました．一方，同種の方程式の初期条件を満足する解は本付録で紹介するラプラス変換を使っても機械的に求めることができます．ラプラス変換とはある関数を別の関数に変換する積分操作の1つです．

　また，ラプラス変換された関数をもとの関数にもどす操作をラプラス逆変換といいます．定数係数の線形微分方程式はラプラス変換することにより単なる1次方程式に変換されますので，それを解いてさらに逆変換することによってもとの微分方程式の解が得られます．

本章の内容

- ラプラス変換とその性質
- ラプラス逆変換
- 定数係数常微分方程式の初期値問題

B.1 ラプラス変換とその性質

複素数または実数のパラメータ s を含む積分

$$F(s) = \int_0^\infty e^{-st} f(t) dt \tag{B.1}$$

を考えます．式 (B.1) の右辺は t に関する定積分（区間が $[0, \infty]$ なので広義積分）であり，積分することによって変数 t は消えてパラメータ s だけが残ります．したがって，積分結果を $F(s)$ と書いています．この $F(s)$ のことを関数 $f(t)$ のラプラス変換とよびます．変換と名付けるのは，この操作によって関数 $f(x)$ が別の関数 $F(s)$ に変換されるからです．ラプラス変換は慣例により

$$F(s) = \mathcal{L}[f(t)], \quad F(s) = \mathcal{L}[f] \tag{B.2}$$

といった記号で表します．

積分 (B.1) は半無限区間における積分なので，関数 $f(t)$ を任意に選んだ場合に必ずしも存在するとは限りません．いいかえれば，ある制限がついた関数に対してのみラプラス変換が定義されます．この点に関しては以下の事実が知られています．すなわち，

> 関数 $f(t)$ が $t \geq 0$ において**区分的に連続**[†]であり，また十分に大きな正の定数 T に対して，正数 M, α が存在して，$t > T$ に対して
>
> $$|f(t)| < M e^{\alpha t} \tag{B.3}$$
>
> が成り立つならば，$\mathrm{Re}(s) > \alpha$ に対して $f(t)$ のラプラス変換 (B.1) が存在する．

例として t^n（n：整数）と e^{at}（a：実数）のラプラス変換を求めてみます．前者に対しては次の例題が役に立ちます．

例題 B.1 $\mathrm{Re}(s) > 0$ のとき

$$\lim_{t \to \infty} t^n e^{-st} = 0 \quad (n = 0, 1, 2, \cdots) \tag{B.4}$$

が成り立つことを示しなさい．

【解】 $s = a + ib$ とおくと，条件 $\mathrm{Re}(s) > 0$ より $a > 0$ となります．$t > 0$ であることを考慮すれば

$$|t^n e^{-st}| = t^n e^{-at}$$

[†] 有限個の点を除いて連続なことをいいます．

B.1 ラプラス変換とその性質

が成り立つため，**ロピタルの定理**†を続けて使えば

$$\lim_{t\to\infty}|t^n e^{-st}| = \lim_{t\to\infty} t^n e^{-at} = \lim_{t\to\infty}\frac{t^n}{e^{at}} = \lim_{t\to\infty}\frac{nt^{n-1}}{ae^{at}} = \cdots = \lim_{t\to\infty}\frac{n!}{a^n e^{at}} = 0$$

となり，式 (B.4) が示せます． □

この例題を用いて，t^n $(n=0,1,2,\cdots)$ のラプラス変換を求めてみます．いま，$I_n = \mathcal{L}[t^n]$ と記すことにすれば

$$I_n = \int_0^\infty t^n e^{-st} dt = \left[-\frac{1}{s}t^n e^{-st}\right]_0^\infty + \frac{n}{s}\int_0^\infty t^{n-1} e^{-st} dt$$

となります．そこで，$\mathrm{Re}(s)>0$ であれば，式 (B.4) から右辺第 1 項は 0 になり，また右辺第 2 項の積分は I_{n-1} になります．したがって，漸化式

$$I_n = \frac{n}{s} I_{n-1}$$

が得られます．一方，$\mathrm{Re}(s)>0$ のとき（式 (B.4) で $n=0$ の場合を用いて）

$$I_0 = \int_0^\infty e^{-st} dt = \left[-\frac{1}{s}e^{-st}\right]_0^\infty = \frac{1}{s}$$

となるため，I_n は I_0 を用いて

$$I_n = \frac{n}{s} I_{n-1} = \frac{n}{s}\frac{n-1}{s} I_{n-2} = \cdots = \frac{n!}{s^n} I_0 = \frac{n!}{s^{n+1}}$$

と表せます．まとめれば，

$$\mathcal{L}[t^n] = \frac{n!}{s^{n+1}} \quad (n=0,1,2,\cdots;\mathrm{Re}(s)>0) \tag{B.5}$$

になります（$0!=1$ と定義さているので上式は $n=0$ のときも使えます）．

次に指数関数 e^{at} のラプラス変換を計算してみます．定義から

$$\mathcal{L}[e^{at}] = \int_0^\infty e^{at} e^{-st} dt = \int_0^\infty e^{(a-s)t} dt = \left[\frac{1}{a-s}e^{(a-s)t}\right]_0^\infty$$

となるので，$\mathrm{Re}(a-s)<0$ のとき（すなわち，$\mathrm{Re}(s)>a$ のとき）積分が存在して $1/(s-a)$ となります．したがって，次式が得られます．

$$\mathcal{L}[e^{at}] = \frac{1}{s-a} \quad (\mathrm{Re}(s)>a) \tag{B.6}$$

---

† $\lim_{x\to a} f(x) = \lim_{x\to a} g(x) = 0$ のとき $\lim_{x\to a} f(x)/g(x) = \lim_{x\to a} f'(x)/g'(x)$．$\lim_{x\to a} g(x) = \infty$ のとき $\lim_{x\to a} f'(x)/g'(x)$ が存在すれば $\lim_{x\to a} f(x)/g(x)$ と等しい（ここでは後者）．

ラプラス変換の性質　ラプラス変換にはいろいろな性質がありますが，ここではその中で微分方程式の解法に役立つ性質について述べます．

$$\mathcal{L}[c_1 f_1 + c_2 f_2] = c_1 \mathcal{L}[f_1] + c_2 \mathcal{L}[f_2] = c_1 F_1(s) + c_2 F_2(s) \quad (c_1, c_2 \text{ は定数}) \quad \text{(B.7)}$$

このことは，ラプラス変換の定義式から

$$\mathcal{L}[c_1 f_1 + c_2 f_2] = \int_0^\infty e^{-st}(c_1 f_1(t) + c_2 f_2(t))dt$$
$$= c_1 \int_0^\infty e^{-st} f_1(t)dt + c_2 \int_0^\infty e^{-st} f_2(t)dt = c_1 \mathcal{L}[f_1] + c_2 \mathcal{L}[f_2]$$

のように確かめることができます．

例題 B.2　次の関数のラプラス変換を求めなさい．
(1)　$\cosh at$　　(2)　$\cos \omega t$　および　$\sin \omega t$　$(\mathrm{Re}(s) > 0)$

【解】(1)　$\mathcal{L}[\cosh ax] = \mathcal{L}\left[\dfrac{e^t + e^{-t}}{2}\right] = \dfrac{1}{2}\mathcal{L}[e^t] + \dfrac{1}{2}\mathcal{L}[e^{-t}]$
$= \dfrac{1}{2}\dfrac{1}{s-a} + \dfrac{1}{2}\dfrac{1}{s+a} = \dfrac{s}{s^2 - a^2}$

(2)　$\mathcal{L}[\cos \omega t] + i\mathcal{L}[\sin \omega t] = \mathcal{L}[\cos \omega t + i \sin \omega t] = \mathcal{L}[e^{i\omega t}]$

になりますが，式 (B.6) において $a = i\omega$ とおくと

$$\mathcal{L}[e^{i\omega t}] = \frac{1}{s - i\omega} = \frac{s + i\omega}{s^2 + \omega^2} \quad (\mathrm{Re}(s) > 0)$$

となります．ただし，$\mathrm{Re}(s) > 0$ という条件は $\mathrm{Re}(a-s) = \mathrm{Re}(i\omega - s) = -\mathrm{Re}(s) < 0$ より得られます（式 (B.6) の上を参照）．この式の実数部と虚数部を取り出せば

$$\mathcal{L}[\cos \omega t] = \frac{s}{s^2 + \omega^2} \quad (\mathrm{Re}(s) > 0) \tag{B.8}$$

$$\mathcal{L}[\sin \omega t] = \frac{\omega}{s^2 + \omega^2} \quad (\mathrm{Re}(s) > 0) \tag{B.9}$$

が成り立つことがわかります．　□

次に微分に関して次の性質があります．

$$\mathcal{L}[f^{(n)}] = s^n F(s) - f(+0)s^{n-1} - f'(+0)s^{n-2} - \cdots - f^{(n-1)}(+0) \tag{B.10}$$

式 (B.10) を $n=1$ に対して書くと

$$\mathcal{L}[f'(t)] = sF(s) - f(+0) \tag{B.11}$$

となりますが，まずこの式が成り立つことを示します．そのために，ラプラス変換の定義と部分積分を用いて

$$\mathcal{L}[f'(t)] = \int_0^\infty e^{-st} f'(t)dt = \left[e^{-st} f(t)\right]_0^\infty + s \int_0^\infty e^{-st} f(t)dt$$
$$= \lim_{t \to \infty} e^{-st} f(t) - f(+0) + sF(s)$$

と変形します．ここで，最右辺の極限の項は，十分に大きい $t > 0$ に対して $|f(t)| < Me^{\gamma t}$ であれば，$\mathrm{Re}(s) > \gamma$ のとき $\lim_{t \to \infty} e^{-st} f(t) = 0$ となるため，式 (B.11) が成り立つことがわかります†．

2階微分に対しては

$$\mathcal{L}[f''(t)] = s^2 F(s) - f(+0)s - f'(+0) \tag{B.12}$$

となります．この場合も

$$\mathcal{L}[f''(t)] = \int_0^\infty e^{-st} f''(t) dt = \left[e^{-st} f'(t) \right]_0^\infty + s \int_0^\infty e^{-st} f'(t) dt$$
$$= -f'(+0) + s L[f'(t)] = s^2 F(s) - f(+0)s - f'(+0)$$

のように証明できます．同様に n 階微分の場合（式 (B.10)）も示すことができます．

例題 B.3 関数 e^{at} は微分方程式 $x' - ax = 0$ の $x(0) = 1$ を満足する解であることを利用して，e^{at} のラプラス変換を求めなさい．

【解】 微分方程式をラプラス変換すれば，$\mathcal{L}[x] = X$ と記して，式 (B.11) から

$$(sX - x(0)) - aX = 0$$

となります．初期条件 $x(0) = 1$ を代入して変形すれば次のようになります．

$$(s - a)X = 1 \quad \text{より} \quad X = \mathcal{L}[e^{at}] = 1/(s - a) \qquad \square$$

表 B.1 に代表的な関数のラプラス変換をまとめておきます．

表 B.1　代表的な関数のラプラス変換

$f(t)$	$F(s) = \mathcal{L}[f]$	$f(t)$	$F(s) = \mathcal{L}[f]$
1	$\frac{1}{s}$	$\cosh at$	$\frac{s}{s^2 - a^2}$
t^n	$\frac{n!}{s^{n+1}}$	$t \sin \omega t$	$\frac{2\omega s}{(s^2 + \omega^2)^2}$
e^{at}	$\frac{1}{s-a}$	$t \cos \omega t$	$\frac{s^2 - \omega^2}{(s^2 + \omega^2)^2}$
$\sin \omega t$	$\frac{\omega}{s^2 + \omega^2}$	$e^{at} \sin \omega t$	$\frac{\omega}{(s-a)^2 + \omega^2}$
$\cos \omega t$	$\frac{s}{s^2 + w^2}$	$e^{at} \cos \omega t$	$\frac{s-a}{(s-a)^2 + \omega^2}$
$t^n e^{at}$	$\frac{n!}{(s-a)^{n+1}}$	$U(t-a) \quad (a > 0)$††	$\frac{1}{s} e^{-at}$
$\sinh at$	$\frac{a}{s^2 - a^2}$	$\delta(t-a) \quad (a > 0)$††	e^{-as}

---

† $f(+0)$ は t を正の方から 0 に近づけた極限値ですが，ふつう連続関数の場合は $f(0)$ と同じです．$f'(+0)$ 等も同じです．

†† $U(t-a)$ はステップ関数，$\delta(t-a)$ はディラックのデルタ関数．

B.2 ラプラス逆変換

本節では，ある関数 $f(t)$ のラプラス変換 $F(s)$ が与えられているとき，逆に $F(s)$ から $f(t)$ を求めることを考えます．このような手続きのことを**ラプラス逆変換**とよび記号

$$f(t) = \mathcal{L}^{-1}[F(s)] \tag{B.13}$$

で表します．ラプラス逆変換は具体的にはある複素積分として計算可能であることが知られています．しかし，ラプラス逆変換の性質を利用すれば多くの場合に複素積分を行うことなく逆変換が求められます．本節ではそのような取り扱い方を示すことにします．

まず代表的な関数に対してラプラス変換を求めておけば，それを逆に使うことによって代表的な関数のラプラス逆変換が直ちに求まります．すなわち，表 B.1 を，表の右にある関数の逆変換が表の左にある関数であると解釈します．ただし，この表は逆変換を求める目的では使いにくいため，左右を逆にして少し変形したものを表 B.2 に示しておきます．この表から，たとえば

$$\mathcal{L}^{-1}\left[\frac{1}{(s-a)^n}\right] = \frac{t^{n-1}e^{at}}{(n-1)!} \tag{B.14}$$

表 B.2 代表的な関数のラプラス逆変換

$F(s)$	$f(t) = \mathcal{L}^{-1}[F]$	$F(s)$	$f(t) = \mathcal{L}^{-1}[F]$
$\frac{1}{s}$	1	$\frac{1}{(s-a)^2+\omega^2}$	$\frac{1}{\omega}e^{at}\sin\omega t$
$\frac{1}{s^{n+1}}$	$\frac{t^n}{n!}$	$\frac{s-a}{(s-a)^2+\omega^2}$	$e^{at}\cos\omega t$
$\frac{1}{s-a}$	e^{at}	$\frac{1}{(s+a)(s+b)}$	$\frac{1}{b-a}(e^{-at}-e^{-bt})$
$\frac{1}{s^2+\omega^2}$	$\frac{1}{\omega}\sin\omega t$	$\frac{1}{(s+a)(s^2+b^2)}$	$\frac{1}{a^2+b^2}(e^{-at}+\frac{a}{b}\sin bt - \cos bt)$
$\frac{s}{s^2+\omega^2}$	$\cos\omega t$	$\frac{s}{(s+a)^2}$	$e^{-at}(1-at)$
$\frac{1}{(s-a)^2}$	te^{at}	$\frac{s}{(s+a)(s+b)^2}$	$\frac{ae^{-at}}{(a-b)^2} + \left\{\frac{-bt}{a-b}+\frac{a}{(a-b)^2}\right\}e^{-bt}$
$\frac{1}{s^2-a^2}$	$\frac{1}{a}\sinh at$	$\frac{1}{(s^2+a^2)(s^2+b^2)}$	$\frac{1}{b^2-a^2}\left(\frac{\sin at}{a}-\frac{\sin bt}{b}\right)$
$\frac{s}{s^2-a^2}$	$\cosh at$	$\frac{1}{(s+a)^n}$	$\frac{t^{n-1}}{(n-1)!}e^{-at}$
$\frac{s}{(s^2+\omega^2)^2}$	$\frac{t}{2\omega}\sin\omega t$	$\frac{1}{s}e^{-as} \quad (a>0)$	$U(t-a)$
$\frac{s^2-\omega^2}{(s^2+\omega^2)^2}$	$t\cos\omega t$	$e^{-as} \quad (a>0)$	$\delta(t-a)$

B.2 ラプラス逆変換

であることがわかります（表の右欄の下から3つ目で a を $-a$ とします）．

さらにラプラス逆変換は線形であること，すなわち a と b を定数とすれば

$$\mathcal{L}^{-1}[aF(s)+bG(s)] = a\mathcal{L}^{-1}[F(s)] + b\mathcal{L}^{-1}[G(s)] \tag{B.15}$$

が成り立つことを使えば表 B.2 にないような多くの関数に対してラプラス逆変換を求めることができます．なお，式 (B.15) は両辺のラプラス変換をとれば，左辺は

$$\mathcal{L}[\mathcal{L}^{-1}[aF(s)+bG(s)]] = aF(s)+bG(s)$$

となり，右辺はラプラス変換が線形の演算（式 (B.7)）であることを用いれば，

$$\mathcal{L}[a\mathcal{L}^{-1}[F(s)] + b\mathcal{L}^{-1}[G(s)]] = a\mathcal{L}[\mathcal{L}^{-1}[F(s)]] + b\mathcal{L}[\mathcal{L}^{-1}[G(s)]]$$
$$= aF(s)+bG(s)$$

となってどちらも等しいことからわかります．

以下，この線形性および表 B.2 を利用してラプラス逆変換を求める方法を例題によって具体的に説明します．

例題 B.4 次の関数のラプラス逆変換を求めなさい．

(1) $\dfrac{1}{3s+1}$　　(2) $\dfrac{1}{(2s-1)^3}$　　(3) $\dfrac{1}{s-3} + \dfrac{1}{s^2+4}$

【解】 (1) $\mathcal{L}^{-1}\left[\dfrac{1}{3s+1}\right] = \dfrac{1}{3}\mathcal{L}^{-1}\left[\dfrac{1}{s+1/3}\right] = \dfrac{1}{3}e^{-t/3}$

(2) $\mathcal{L}^{-1}\left[\dfrac{1}{(2s-1)^3}\right] = \dfrac{1}{8}\mathcal{L}^{-1}\left[\dfrac{1}{(s-1/2)^3}\right] = \dfrac{1}{8}\dfrac{t^{3-1}}{(3-1)!}e^{t/2} = \dfrac{t^2}{16}e^{t/2}$

(3) $\mathcal{L}^{-1}\left[\dfrac{1}{s-1} + \dfrac{1}{s^2+4}\right] = \mathcal{L}^{-1}\left[\dfrac{1}{s-3}\right] + \dfrac{1}{2}\mathcal{L}^{-1}\left[\dfrac{2}{s^2+2^2}\right] = e^{3t} + \dfrac{1}{2}\sin 2t$

□

問 B.1 次の関数のラプラス逆変換を求めなさい．

(1) $\dfrac{1}{s-3} + \dfrac{1}{2s-1}$　　(2) $\dfrac{1}{(2s-5)^4}$　　(3) $\dfrac{1}{s^2-2s+2}$

有理関数のラプラス逆変換を求めるには次の例題に示すように**部分分数**に分解します．

例題 B.5 次の関数のラプラス逆変換を求めなさい．

(1) $\dfrac{1}{s^2-3s+2}$　　(2) $\dfrac{s}{s^2-3s+2}$　　(3) $\dfrac{s+1}{s(s^2+s-6)}$

【解】 (1)
$$\mathcal{L}^{-1}\left[\frac{1}{s^2-3s+2}\right] = \mathcal{L}^{-1}\left[\frac{1}{(s-1)(s-2)}\right] = \mathcal{L}^{-1}\left[\frac{1}{s-2}\right] - \mathcal{L}^{-1}\left[\frac{1}{s-1}\right] = e^{2t} - e^t$$

(2)
$$\mathcal{L}^{-1}\left[\frac{s}{s^2-3s+2}\right] = \mathcal{L}^{-1}\left[\frac{2}{s-2} - \frac{1}{s-1}\right] = 2e^{2t} - e^t$$

(3) $\dfrac{s+1}{s(s^2+s-6)} = \dfrac{A}{s} + \dfrac{B}{s-2} + \dfrac{C}{s+3}$ とおいて A, B, C を決めると

$$A = -\frac{1}{6}, \quad B = \frac{3}{10}, \quad C = -\frac{2}{15}$$

となります. したがって,

$$\mathcal{L}^{-1}\left[\frac{s+1}{s(s^2+s-6)}\right] = -\frac{1}{6} + \frac{3}{10}e^{2t} - \frac{2}{15}e^{-3t} \qquad \square$$

さらに，次の定理（ヘビサイドの展開定理）も，有理関数のラプラス逆変換を求めるときに役立ちます．すなわち

> $P(s)$ と $Q(s)$ が m 次および n 次多項式で $m < n$ とする．$Q(s) = 0$ が相異なる n 個の根 $a_1, \cdots, a_n$ を持つ場合には
> $$\mathcal{L}^{-1}\left[\frac{P(s)}{Q(s)}\right] = \sum_{j=1}^{n} \frac{P(a_j)}{Q'(a_j)} e^{a_j t} \qquad \text{(B.16)}$$
> が成り立つ．

以下に式 (B.16) が成り立つ理由を示します．
$Q(s) = A(s-a_1)\cdots(s-a_n)$ であり，$P(s)$ の次数が $Q(s)$ の次数より小さいため，P/Q は次のように部分分数に分解できます．

$$\frac{P(s)}{Q(s)} = \frac{c_1}{s-a_1} + \cdots + \frac{c_n}{s-a_n} = \sum_{j=1}^{n} \frac{c_j}{s-a_j} \qquad \text{(B.17)}$$

このことは，P/Q を上式の右辺の形に仮定したとき，係数 $c_1, \cdots, c_n$ が実際に決まることで示すことができますが，これについてはすぐ後で述べます．式 (B.17) の両辺のラプラス逆変換をとれば

$$\mathcal{L}^{-1}\left[\frac{P}{Q}\right] = \sum_{j=1}^{n} c_j e^{a_j t} \qquad \text{(B.18)}$$

となります．ただし，

$$\mathcal{L}^{-1}\left[\frac{1}{s-a_j}\right] = e^{a_j t}$$

を用いました．

以下,式 (B.17) の c_j を求めるために,式 (B.17) の両辺に $s - a_k$ をかけた上で $s \to a_k$ とすれば総和の中で分母が $s - a_k$ 以外のものは 0 になるため

$$c_k = \lim_{s \to a_k} \frac{P(s)}{Q(s)}(s - a_k) = \lim_{s \to a_k} P(s) \lim_{s \to a_k} \frac{s - a_k}{Q(s)} = P(a_k) \times \frac{1}{Q'(a_k)}$$

となります.ただし,最後の等式を導くときはロピタルの定理を用いました.この関係を式 (B.17) に代入すれば式 (B.16) が得られます.

例題 B.6 ヘビサイドの展開定理を用いて次の関数のラプラス逆変換を求めなさい.
$$\frac{s^2 + 1}{s^3 + 6s^2 + 11s + 6}$$

【解】
$$\frac{s^2 + 1}{s^3 + 6s^2 + 11s + 6} = \frac{s^2 + 1}{(s+1)(s+2)(s+3)}$$

となるため,ヘビサイドの展開定理を用いれば

$$\mathcal{L}^{-1}\left[\frac{s^2 + 1}{s^3 + 6s^2 + 11s + 6}\right] = \sum_{i=1}^{3} \frac{a_i^2 + 1}{3a_i^2 + 12a_i + 11} e^{a_i t}$$
$$= \frac{(-1)^2 + 1}{3(-1)^2 + 12(-1) + 11} e^{-t} + \frac{(-2)^2 + 1}{3(-2)^2 + 12(-2) + 11} e^{-2t} + \frac{(-3)^2 + 1}{3(-3)^2 + 12(-3) + 11} e^{-3t}$$
$$= e^{-t} - 5e^{-2t} + 5e^{-3t} \qquad \Box$$

B.3 定数係数常微分方程式の初期値問題

ラプラス変換と逆変換を用いれば定数係数の常微分方程式の**初期値問題**[†]を解くことができます.はじめに,簡単な例として 1 階微分方程式の初期値問題

$$\begin{cases} \dfrac{dx}{dt} - 2x = e^t \\ x(0) = 0 \end{cases}$$

を考えます.この方程式を解くために両辺のラプラス変換をとります.e^t のラプラス変換は表 B.1 から $1/(s-1)$ になるため,$x(t)$ のラプラス変換を X とおけば式 (B.11) を参照して

$$sX - x(0) - 2X = \frac{1}{s-1}$$

[†] ある 1 点における関数値(導関数値)が与えられた場合に,それを満たす微分方程式の解を求める問題.

という式が得られます．ここで，初期条件 $x(0) = 0$ を考慮した上で，X について解けば

$$X = \frac{1}{(s-1)(s-2)} = \frac{1}{s-2} - \frac{1}{s-1}$$

となります．これで X が求まったため，逆変換を行えば

$$x(t) = e^{2t} - e^t$$

という解が得られます．

このように x に関する定数係数 1 階常微分方程式はラプラス変換すると X に関する 1 次方程式になるため簡単に解けます．最終的な解は初期条件を考慮した上で，1 次方程式の解をラプラス逆変換して求めることができます（図 B.1）．

上記の方法は微分方程式の階数によらず適用することができます．たとえば 2 階微分方程式の初期値問題

$$\frac{d^2x}{dt^2} + 4\frac{dx}{dt} - 5x = e^{2t}$$
$$x(0) = 0, \quad x'(0) = 1$$

をラプラス変換を用いて解いてみます．前と同様に微分方程式の両辺のラプラス変換をとり，左辺には式 (B.12)，右辺には 表 B.1 を用いると

$$(s^2 X - x(0)s - x'(0)) + 4(sX - x(0)) - 5X = \frac{1}{s-2}$$

になります．ただし，前と同様 x のラプラス変換を X とおいています．ここで初期条件を代入すれば

$$(s^2 X - 1) + 4sX - 5X = \frac{1}{s-2}$$

より

$$(s^2 + 4s - 5)X = \frac{1}{s-2} + 1 = \frac{s-1}{s-2}$$

となりますが，これは X に関する 1 次方程式であるので解くことができて

$$X = \frac{1}{(s+5)(s-2)}$$
$$= \frac{1}{7}\left(\frac{1}{s-2} - \frac{1}{s+5}\right)$$

が得られます．そこで，X が求まったため，もとの関数 x を求めるには X を逆変換します．すなわち

B.3 定数係数常微分方程式の初期値問題

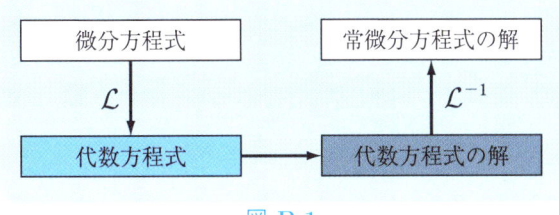

図 B.1

$$x(t) = \mathcal{L}^{-1}\left[\frac{1}{7}\left(\frac{1}{s-2}-\frac{1}{s+5}\right)\right] = \frac{1}{7}(e^{2t}-e^{-5t})$$

となります．これが 2 階微分方程式の初期条件を満足する解になっています．

例題 B.7 ラプラス変換を利用して次の微分方程式の初期値問題を解きなさい．
$$\frac{d^3x}{dt^3}+\frac{d^2x}{dt^2}=t,\quad x(0)=1,\quad x'(0)=-1,\quad x''(0)=0$$

【解】 式 (B.10) ($n=3$) を用いて微分方程式をラプラス変換して初期条件を代入すれば

$$(s^3X - s^2 + s) + (s^2X - s + 1) = \frac{1}{s^2}$$

したがって，$s^2(s+1)X = \dfrac{1}{s^2}+s^2-1 = s^2 + \dfrac{1-s^2}{s^2}$ より

$$X = \frac{1}{s+1} + \frac{1-s^2}{s^4(s+1)} = \frac{1}{s+1} + \frac{1-s}{s^4} = \frac{1}{s+1} + \frac{1}{s^4} - \frac{1}{s^3}$$

となります．ゆえに

$$x = \mathcal{L}^{-1}\left[\frac{1}{s+1}+\frac{1}{s^4}-\frac{1}{s^3}\right] = e^{-t} + \frac{t^3}{6} - \frac{t^2}{2} \qquad \square$$

問 B.2 ラプラス変換を利用して次の微分方程式の初期値問題を解きなさい．
(1) $x'' + x = 0,\quad x(0)=1,\quad x'(0)=0$ (2) $x' - x = e^t,\quad x(0)=1$

次の例題に示すように定数係数の連立微分方程式の初期値問題に対してもラプラス変換が応用できます．この場合，連立 1 次方程式を解くことになりますが，いままでと同じ手順で解けます．ただし，初期条件によっては解をもたないことがあるため，解が得られたあとでもう 1 度条件を満足するかどうかを確かめる必要があります．

例題 B.8 次の連立微分方程式を初期条件 $x(0) = 1, y(0) = 1$ のもとで解いて $x(t)$ と $y(t)$ を求めなさい．

$$\begin{cases} \dfrac{dx}{dt} + x - y = e^t \\ \dfrac{dy}{dt} + 3x - 2y = 2e^t \end{cases}$$

【解】 微分方程式をラプラス変換して $\mathcal{L}[x] = X$, $\mathcal{L}[y] = Y$ とおくと，初期条件を考慮して

$$(sX - 1) + X - Y = \frac{1}{s-1}$$
$$(sY - 1) + 3X - 2Y = \frac{2}{s-1}$$

となります．これは X と Y に関する連立1次方程式であり，整理すれば

$$(s+1)X - Y = \frac{s}{s-1}$$
$$3X + (s-2)Y = \frac{s+1}{s-1}$$

となります．この方程式を X について解けば

$$X = \frac{s^2 - s + 1}{(s-1)(s^2 - s + 1)} = \frac{1}{s-1}$$

となるため，逆変換して

$$x = e^t$$

という解が得られます．y を求めるために，もとの微分方程式で y の導関数が含まれない式に着目します．そうすれば代入計算だけで y が計算できます．すなわち，第1式から

$$y = x' + x - e^t$$

となるため，これに上で求めた x を代入して

$$y = e^t + e^t - e^t = e^t$$

となります．なお，x と y は第2式を満足し，さらに y は初期条件を満足することが確かめられます． □

問 B.3 次の連立微分方程式を初期条件 $x(0) = y(0) = 0$ のもとで解きなさい．

$$\begin{cases} x' - 2y + 2x = 1 \\ y' + x + 5y = 2 \end{cases}$$

付録C

熱伝導方程式とフーリエ級数

　本付録では熱伝導方程式とよばれる2階の線形偏微分方程式を取り上げます．この方程式は名前のとおり熱伝導現象を記述する方程式ですが，一般解を求めるのではなく，ある付帯条件を満足する特解を求めることの方が実用上重要になります．その場合，変数分離法とよばれる解法を用いますが，任意の周期関数を三角関数の和で表すというフーリエ級数の概念が必要になります．

本章の内容

　熱伝導方程式と変数分離法
　フーリエ級数

C.1 熱伝導方程式と変数分離法

2つの独立変数の関数 $u(x,t)$ に対する

$$\frac{\partial u}{\partial t} = a\frac{\partial^2 u}{\partial x^2} \tag{C.1}$$

という2階偏微分方程式を **1次元熱伝導方程式**（または**1次元拡散方程式**）とよんでいます．ただし，a は正の定数です．

式 (C.1) は変数 x については 2 階，t に関しては 1 階なので，常微分方程式を思い出すと x に関して 2 つの条件，t に関しては 1 つの条件を課せば解が 1 通りに決まると予測できます．

そこで，式 (C.1) を領域 $0 < x < \pi, t > 0$ で考える[†]ことにして，以下の条件を課すことにします．

$$u(0,t) = u(\pi,t) = 0 \quad (t > 0) \tag{C.2}$$
$$u(x,0) = f(x) \qquad (0 < x < \pi) \tag{C.3}$$

ただし，$f(x)$ は形のわかった関数とします．具体的には本節では

$$f(x) = 2\sin 3x$$

の場合と

$$f(x) = 4\sin 2x - 3\sin 4x$$

の場合を考えます．

式 (C.1)～(C.3) の物理的な意味は次のようになります．すなわち，長さ π の針金を考え，両端を常に温度 0 に保った状態を考えます．このとき，初期の針金の温度分布を $f(x)$ で与えればそれに応じて針金内の温度が決まります．温度は針金内の位置 x と初期（$t=0$）からの時間経過 t によって変化するため，温度を u と記すことにすれば，u は x と t の関数 $u(x,t)$ になります．この温度分布を記述する方程式が式

[†] π が現れるのは不自然のように見えますが，$x = bX$ とおいて式 (C.1) に代入すると

$$\frac{\partial u}{\partial t} = \frac{a}{b^2}\frac{\partial^2 u}{\partial X^2}$$

となります．そこで，たとえば $b = \pi$ とおけば X に関して $0 < X < 1$ で考えることになります．このように，考える区間は自由に変えることができ，その場合に式 (C.1) の定数 a の値が変化するだけなので本質的な変化にはなりません．

C.1 熱伝導方程式と変数分離法

(C.1),針金の両端の温度を 0 に保つという条件が式 (C.2),初期の温度分布を表すのが式 (C.3) です.一般に x に関する条件を**境界条件**,t に関する条件を**初期条件**とよび,与えられた境界条件と初期条件を満足する偏微分方程式の解を求める問題を**初期値・境界値問題**とよんでいます.

本付録では上記の問題を**変数分離法**とよばれる方法で解くことにします.なお,式 (C.1) に現れる係数 a はこれからの議論の本質に関係しないので,見やすくするため $a = 1$ であると仮定します.

変数分離法ではまず

$$u(x,t) = X(x)T(t) \tag{C.4}$$

という形の解を探します.すなわち,式 (C.4) の右辺のように解が x のみに依存する関数 $X(x)$ と t のみに依存する関数 $T(t)$ の積の形に書けると仮定します.式 (C.4) を式 (C.1)(ただし,$a = 1$)に代入する場合,左辺は

$$\frac{\partial(XT)}{\partial t} = X(x)\frac{dT}{dt}$$

となります.なぜなら,t に関する微分なので x だけの関数は定数と同じで微分に関係せず,T は t だけの関数なので t で微分する場合はふつうの微分になるからです.同様に,右辺は

$$\frac{\partial^2(XT)}{\partial x^2} = T(t)\frac{d^2 X}{dx^2}$$

になります.したがって,式 (C.1) は

$$X(x)\frac{dT}{dt} = T(t)\frac{d^2 X}{dx^2}$$

と書けます.このままではわかりにくいのでこの式の両辺を XT で割ると

$$\frac{1}{T}\frac{dT}{dt} = \frac{1}{X}\frac{d^2 X}{dx^2}$$

になります.上式をよく見ると左辺は t だけの関数であり,右辺は x だけの関数になっていることに気づきます.このことを変数が分離されたといい,変数分離法の名前の由来になっています.一方,x と t は独立変数なので,互いに無関係に変化します.それでも等式が成り立つということは,上式の左辺と右辺には t および x は含まれず,単なる定数であるということを意味しています.この定数を C と記せば,上式は暗に

$$\frac{1}{T}\frac{dT}{dt} = \frac{1}{X}\frac{d^2 X}{dx^2} = C \tag{C.5}$$

であることを示しています.この式は

$$\frac{d^2 X}{dx^2} = CX \tag{C.6}$$

$$\frac{dT}{dt} = CT \tag{C.7}$$

という 2 つの常微分方程式に分解できます．以上のことから，偏微分方程式の解として式 (C.4) の形を仮定することにより，偏微分方程式が 2 つの常微分方程式に分離されたことになります．なお，定数 C を分離の定数とよぶことがあります．

次に境界条件 (C.2) について考えます．この条件は t に無関係な条件であり，式 (C.4) の形の解に対しては

$$X(0) = 0, \quad X(\pi) = 0 \tag{C.8}$$

を意味します．式 (C.8) を満たす X であれば式 (C.2) は常に満たされるからです．これで，常微分方程式 (C.6) を解く準備が整いました．

まず，式 (C.6) の一般解を求めてみます．これは C の値によって次の 3 種類の一般解をもちます．ただし，式に現れる A と B は任意定数です．

---

(1) $C > 0$ のとき
$$X(x) = A e^{\sqrt{C}\, x} + B e^{-\sqrt{C}\, x} \tag{C.9}$$

(2) $C = 0$ のとき
$$X(x) = Ax + B \tag{C.10}$$

(3) $C < 0$（したがって，$-C > 0$）のとき
$$X(x) = A \sin\left(\sqrt{-C}\, x\right) + B \cos\left(\sqrt{-C}\, x\right) \tag{C.11}$$

次に境界条件 (C.8) を満足するように A と B を決めます．式 (C.9) の場合には
$$X(0) = A + B = 0 \quad より \quad B = -A$$
であり，これを用いると
$$X(\pi) = A e^{\sqrt{C}\, \pi} + B e^{-\sqrt{C}\, \pi} = A \left(e^{\sqrt{C}\, \pi} - e^{-\sqrt{C}\, \pi} \right)$$

となります．最右辺の括弧内は $C = 0$ でない限り 0 にはなりませんが，$C > 0$ という仮定があるため，上式を満たすためには $A = 0$ である必要があります．また $B = -A$ なので $B = 0$ です．したがって，境界条件を満たす式 (C.9) の解 X は必然的に 0 になり，$u = XT$ も 0 になります．一方，温度分布は初期には 0 でないため，この解は不適当であることがわかります．

式 (C.10) に対しては，境界条件から
$$X(0) = B, \quad X(\pi) = A\pi + B = 0$$
となりますが，この場合も $A = B = 0$ となり不適当です．

最後に，式 (C.11) の場合は $X(0) = B = 0$ を考慮すれば
$$X(\pi) = A\sin\left(\sqrt{-C}\,\pi\right) = 0$$
という条件になります．ここで，もし $A = 0$ であればやはり $u = 0$ となり不適当ですが，もう1つの可能性として
$$\sin\left(\sqrt{-C}\,\pi\right) = 0$$
があります．この式は n を整数として
$$\sqrt{-C} = n \quad \text{すなわち} \quad C = -n^2 \tag{C.12}$$
であれば満足されます．

以上のことから，境界条件を満たす 0 でない解をもつためには分離の定数 C は任意ではなく，n を整数として $C = -n^2$ であることがわかります．この値をもとの問題の**固有値**とよんでいます．また固有値に対応する解，すなわち
$$X(x) = A\sin nx \tag{C.13}$$
を**固有関数**といいます．

X に関する方程式が解けたため，次に T に関する方程式を解きます．式 (C.7) に式 (C.12) を代入した方程式は簡単に解けて，解は
$$T(t) = Ee^{-n^2 t} \tag{C.14}$$
となります．そこで，もとの方程式の解の候補は式 (C.4), (C.13), (C.14) から
$$u(x,t) = XT = AEe^{-n^2 t}\sin nx = b_n e^{-n^2 t}\sin nx \tag{C.15}$$
になることがわかります．ただし，$b_n = AE$ とおいています．添え字 n をつけたのは，解が n で区別される固有関数 (C.13) を含んでいることを明示するためですが，b_n は単なる任意定数です．

解 (C.15) の導き方から，この解はもとの熱伝導方程式と境界条件 (C.2) を満足する解であることがわかります．そこで初期条件 (C.3) が満足されればもとの問題の解が得られたことになります．最後にこの点について考えます．

本節のはじめに述べたように初期条件が
$$f(x) = 2\sin 3x$$

であるとします．その場合には，式 (C.15) において $t=0$ とおいた式と上式の右辺を等しくおくことにより

$$u(x,0) = b_n \sin nx = 2\sin 3x$$

が成り立つ必要があります．そこで両辺を比較して

$$n=3, \quad b_n(=b_3) = 2$$

となります．したがって，すべての条件を満足する解は，これらの値を式 (C.15) に代入して

$$u(x,t) = 2e^{-4t}\sin 3x$$

であることがわかります．

次に前述のもう 1 つの初期条件

$$f(x) = 4\sin 2x - 3\sin 4x$$

を課してみます．このときは式 (C.15) の形のままでは解にはなりません．しかし，式 (C.15) の n を変えていくつか足し合わせた関数を考えれば，もとの偏微分方程式および境界条件は満足されます．そこで，上式の右辺は 2 項あるので，それをヒントに解を

$$u(x,t) = b_m e^{-m^2\pi^2 t}\sin mx + b_n e^{-n^2\pi^2 t}\sin nx \tag{C.16}$$

の形に仮定します．これは式 (C.1) と式 (C.2) を満足します．次に初期条件から

$$u(x,0) = b_m \sin mx + b_n \sin nx = 4\sin 2x - 3\sin 4x$$

である必要があります．したがって，両辺を比較すれば，$m=2, b_m(=b_2)=4$ および $n=4, b_n(=b_4)=-3$ であることがわかります．これらを式 (C.16) に代入することにより，初期条件と境界条件を満足する解

$$u(x,t) = 4e^{-4\pi^2 t}\sin 2x - 3e^{-16\pi^2 t}\sin 4x$$

が得られます．

C.2 フーリエ級数

本節では前節の問題で初期条件として任意の関数を与えた場合にどうなるかを考えてみます．

前節の終わりの部分で述べたように式 (C.16) はもとの微分方程式と境界条件を満

C.2 フーリエ級数

足しますが，これは項がいくつあっても同じです．極端な場合として n がすべての整数をとったときの和

$$u(x,t) = \sum_{n=1}^{\infty} b_n e^{-n^2 t} \sin nx \tag{C.17}$$

であっても，級数が収束して項別に微分が可能であれば，偏微分方程式と境界条件を満足します†．これを解の重ね合わせといいます．この形の解で，b_3 以外の係数が 0 であるのが前節の最初の例であり，b_2 と b_4 以外の係数が 0 であるのがあとの例になっているため，式 (C.17) の表現が最も一般的な解の表現であるといえます．

それでは，一般の関数 $f(x)$ に対して初期条件 (C.3) を満たす解を求めてみましょう．一般的な表現である式 (C.17) に $t = 0$ を代入すれば

$$f(x) = \sum_{n=1}^{\infty} b_n \sin nx \tag{C.18}$$

が成り立つ必要があります．そこで，式 (C.18) を満足する係数 b_n が定まればすべての条件を満足する解が求まったことになります．これは，任意の関数を正弦関数の和で表した式になっています．式 (C.18) を $f(x)$ の**フーリエ正弦展開**（**フーリエ正弦級数**）とよんでいます．

式 (C.18) が意味のある式であるためには右辺の無限級数が収束する必要があります．本節ではこのことを仮定し，さらに項別に積分可能であることも仮定します．このような条件のもとで，式 (C.18) に現われる係数 b_n を，$f(x)$ を用いて表すことにします．

基本になるのは正弦関数がもつ以下の性質です（**直交性**とよばれます）．

---

† n が整数なのですべての整数についての和をとるときには，n が負や 0 の場合も含める必要があります．したがって，細かくいえば式 (C.17) は

$$u(x,t) = \sum_{n=-\infty}^{\infty} c_n e^{-n^2 t} \sin nx$$

と書くべきですが，これを

$$\begin{aligned} u(x,t) &= \sum_{n=-\infty}^{-1} c_n e^{-n^2 t} \sin nx + c_0 e^{-0} \sin 0 + \sum_{n=0}^{\infty} c_n e^{-n^2 t} \sin nx \\ &= \sum_{n=1}^{\infty} c_{-n} e^{-(-n)^2 t} \sin(-nx) + \sum_{n=1}^{\infty} c_n e^{-n^2 t} \sin nx \\ &= \sum_{n=1}^{\infty} (c_n - c_{-n}) e^{-n^2 t} \sin nx \end{aligned}$$

と考えます．その上で $c_n - c_{-n} = b_n$ とおいた式が式 (C.17) になっています．

$$\int_0^\pi \sin mx \sin nx\, dx = 0 \quad (m \neq n)$$
$$\int_0^\pi \sin^2 mx\, dx = \frac{\pi}{2}$$
(C.19)

ただし，m と n は整数とします．

例題 C.1 式 (C.19) を証明しなさい．

【解】
$$\sin mx \sin nx = -\frac{1}{2}(\cos(m+n)x - \cos(m-n)x)$$

$$\sin^2 mx = \frac{1 - \cos 2mx}{2}$$

より $m \neq n$ のとき

$$\int_0^\pi \sin mx \sin nx\, dx = -\frac{1}{2}\int_0^\pi (\cos(m+n)x - \cos(m-n)x)dx$$
$$= -\frac{1}{2}\left[\frac{\sin(m+n)x}{m+n} - \frac{\sin(m-n)x}{m-n}\right]_0^\pi = 0$$

また
$$\int_0^\pi \sin^2 mx\, dx = \frac{1}{2}\int_0^\pi (1 - \cos 2mx)dx$$
$$= \frac{1}{2}\left[x - \frac{\sin 2mx}{2m}\right]_0^\pi = \frac{\pi}{2} \qquad \square$$

式 (C.18) の右辺が収束して項別に積分できるという仮定および式 (C.19) を用いれば，係数 b_n は，式 (C.18) の両辺に $\sin mx$ を掛けて区間 $[0, \pi]$ で積分することにより求めることができます．実際この手続きを実行すれば

$$\text{左辺} = \int_0^\pi f(x) \sin mx\, dx$$
$$\text{右辺} = \int \sum_{n=1}^\infty b_n \sin mx \sin nx\, dx$$
$$= \sum_{n=1}^\infty b_n \int_0^\pi \sin mx \sin nx\, dx$$
$$= b_1 \times 0 + \cdots + b_{m-1} \times 0 + b_m \times \frac{\pi}{2} + b_{m+1} \times 0 + \cdots = \frac{\pi b_m}{2}$$

となります．左辺＝右辺から

$$b_m = \frac{2}{\pi}\int_0^\pi f(x)\sin mx\,dx$$

すなわち

$$b_n = \frac{2}{\pi}\int_0^\pi f(t)\sin nt\,dt \tag{C.20}$$

となります．したがって，関数 $f(x)$ は区間 $[0,\pi]$ において

$$f(x) = \sum_{n=1}^{\infty}\left(\frac{2}{\pi}\int_0^\pi f(t)\sin nt\,dt\right)\sin nx\,dx \tag{C.21}$$

と書くことができます．これを関数 $f(x)$ の**フーリエ正弦展開**といいます．

このようにあらかじめ $f(x)$ をフーリエ正弦展開しておけば，その係数 b_n を式 (C.17) に代入したものがもとの熱伝導方程式の初期条件を満足する解になります．具体的には

$$u(x,t) = \frac{2}{\pi}\sum_{n=1}^{\infty}\left(\int_0^\pi f(t)\sin nt\,dt\right)e^{-n^2 t}\sin nx \tag{C.22}$$

になります．

例題 C.2 上で取り上げたフーリエ正弦展開の問題で，$f(x) = x(\pi - x)$ のときの解を求めなさい．

【解】 式 (C.22) で $f(x) = x(\pi - x)$ として具体的に b_n を求めます．その結果，

$$\begin{aligned}
b_n &= \frac{2}{\pi}\int_0^\pi t(\pi - t)\sin nt\,dt \\
&= -\frac{2}{n\pi}\Big[t(\pi - t)\cos nt\Big]_0^\pi + \frac{2}{n\pi}\int_0^\pi (1 - 2t)\cos nt\,dt \\
&= \frac{2}{n^2\pi}\Big[(\pi - 2t)\sin nt\Big]_0^\pi + \frac{4}{n^2\pi}\int_0^\pi \sin nt\,dt \\
&= -\frac{4}{n^3\pi}\Big[\cos nt\Big]_0^\pi \\
&= \frac{4}{n^3\pi}(1 - (-1)^n)
\end{aligned}$$

となるため，式 (C.22) から

$$u(x,t) = \frac{4}{\pi}\sum_{n=1}^{\infty}\frac{1 - (-1)^n}{n^3}e^{-n^2 t}\sin nx$$

という解が得られます． □

本節および前節で述べた変数分離法の手順をまとめると次のようになります.

> (1) 解を x だけの関数と t だけの関数の積の形に仮定してもとの偏微分方程式に代入します. 変数が分離される場合には 2 つの常微分方程式が得られます.
> (2) 1 つの常微分方程式を境界条件を考慮して解きます. この場合, 固有値と固有関数が求まります. 固有値を用いてもう 1 つの方程式を解きます.
> (3) 解を重ね合わせて, 残りの境界 (初期) 条件を満たすように未知の係数を求めます.

なお, (3) のステップでフーリエ展開 (くわしくは後述します) が利用されます.

変数分離法は 1 次元熱伝導方程式のみならず, 同次形の 2 階線形偏微分方程式の初期値・境界値問題を解く場合にも適用できます.

断熱条件 最後に前節で取り上げた問題の境界条件を

$$u_x(0,t) = u_x(\pi,t) = 0 \quad (t > 0) \tag{C.23}$$

に変更したとき解がどうなるかを考えてみます. ただし, 下添え字 x は x に関する偏導関数を意味します. 物理的には u_x は熱の流れに比例する量なので, この条件は針金の両端で熱が流れないという意味をもち**断熱条件**とよばれます.

同じ方程式であるため, 解き方は前節と全く同じで $u(x,t) = X(x)T(t)$ とおいて変数分離すれば

$$\frac{d^2 X}{dx^2} = CX \tag{C.24}$$

$$\frac{dT}{dt} = CT \tag{C.25}$$

という 2 つの常微分方程式が得られます. 異なる点は式 (C.24) の境界条件が式 (C.8) ではなくて

$$X'(0) = 0, \quad X'(\pi) = 0 \tag{C.26}$$

になる点です. ただしダッシュは x に関する微分を表します. 前節と同じように一般解を求め, この境界条件を課せば, n を整数として, 固有値が $C = -n^2$, 固有関数は

$$X = \cos nx \tag{C.27}$$

となります. したがって, 解の候補は式 (C.17) のかわりに

$$u(x,t) = \frac{a_0}{2} + \sum_{n=1}^{\infty} a_n e^{-n^2 t} \cos nx \tag{C.28}$$

と書けます[†]. そこで, 初期条件である $u(x,0) = f(x)$ を考慮すれば, 式 (C.28) は

$$f(x) = \frac{a_0}{2} + \sum_{n=1}^{\infty} a_n \cos nx \tag{C.29}$$

となります. この式は関数 $f(x)$ を余弦関数の和で表したもので, **フーリエ余弦展開**といいます.

係数 a_n を決めるためには $\cos nx$ の直交性, すなわち

$$\int_0^{\pi} \cos mx \cos nx\, dx = 0 \quad (m \neq n)$$
$$\int_0^{\pi} \cos^2 mx\, dx = \frac{\pi}{2} \tag{C.30}$$

ただし m と n は整数とします.

を用います.

問 C.1 式 (C.30) を証明しなさい.

そこで, フーリエ正弦展開のときと同じように, 式 (C.29) の両辺に $\cos mx$ を掛けて, 区間 $[0, \pi]$ で積分すれば, $m \neq 0$ のとき

$$\int_0^{\pi} f(x) \cos mx\, dx = \frac{a_0}{2} \int_0^{\pi} \cos mx\, dx + \sum_{n=1}^{\infty} a_n \int_0^{\pi} \cos mx \cos nx\, dx$$
$$= 0 + a_1 \times 0 + \cdots + a_{m-1} \times 0 + a_m \times \frac{\pi}{2} + a_{m+1} \times 0 + \cdots$$
$$= \frac{\pi}{2} a_m$$

となり, $m = 0$ のときは

$$\int_0^{\pi} f(x) dx = \frac{a_0}{2} \int_0^{\pi} dx = \frac{\pi}{2} a_0$$

になります. 以上のことから $n = 0$ であるかどうかによらず展開係数 a_n は

$$a_n = \frac{2}{\pi} \int_0^{\pi} f(t) \cos nt\, dt \tag{C.31}$$

から計算できることがわかります (このことが式 (C.29) で $a_0/2$ と記した理由です).

[†] $\cos 0x = 1$ であるため式 (C.27) の右辺第 1 項が必要になります. ただし, 便宜的に第 1 項の係数に $1/2$ を掛けています.

まとめれば，関数 $f(x)$ は区間 $[0,\pi]$ において

$$f(x) = \frac{1}{\pi}\int_0^\pi f(t)dt + \sum_{n=1}^\infty \left(\frac{2}{\pi}\int_0^\pi f(t)\cos nt\, dt\right)\cos nx\, dx \qquad (\text{C.32})$$

というように**フーリエ余弦級数**で表されます．また，もとの問題の解は

$$u(x,t) = \frac{1}{\pi}\int_0^\pi f(t)dt + \frac{2}{\pi}\sum_{n=1}^\infty \left(\int_0^\pi f(t)\cos nt\, dt\right)e^{-n^2 t}\cos nx$$
$$(\text{C.33})$$

になります．

式 (C.18), (C.29)（または式 (C.21), (C.32)）は区間 $[0,\pi]$ で定義された関数 $f(x)$ を正弦関数または余弦関数の和で表す公式になっています．ところで，$\sin nx$ と $\cos nx$ は周期 2π の関数です．そこで区間を 2 倍して $[-\pi,\pi]$ で定義された関数 $f(x)$ を三角関数の和で表すことを考えてみます．残念ながら，この場合は一般に式 (C.18) あるいは式 (C.29) の形に表すことができません．なぜなら，$\sin nx$ は奇関数であるためそれを足し合わせた式 (C.18) も奇関数であり，同様に $\cos nx$ は偶関数であるためそれを足し合わせた式 (C.29) も偶関数であるからです．一方，$f(x)$ は奇関数や偶関数であるとは限りません．逆にいえば，もし $f(x)$ が奇関数（偶関数）であれば式 (C.21)，(C.33) は区間 $[-\pi,\pi]$ でそのまま使えます．

さて任意の関数 $f(x)$ は

$$f(x) = \frac{f(x)+f(-x)}{2} + \frac{f(x)-f(-x)}{2} \qquad (\text{C.34})$$

と表せますが右辺第 1 項は偶関数，右辺第 2 項は奇関数です．なぜなら

$$g(x) = \frac{f(x)+f(-x)}{2}$$

とおけば

$$g(-x) = \frac{f(-x)+f(x)}{2} = g(x)$$

となり，また

$$h(x) = \frac{f(x)-f(-x)}{2}$$

とおけば

$$h(-x) = \frac{f(-x)-f(x)}{2} = -h(x)$$

となるからです．そこで式 (C.20) より

$$b_n = \frac{2}{\pi}\int_0^\pi \frac{f(t)+f(-t)}{2}\sin nt\, dt$$
$$= \frac{1}{\pi}\int_0^\pi f(t)\sin nt\, dt + \frac{1}{\pi}\int_0^\pi f(-t)\sin(-nt)\,d(-t)$$
$$= \frac{1}{\pi}\int_0^\pi f(t)\sin nt\, dt - \frac{1}{\pi}\int_0^{-\pi} f(\tau)\sin n\tau\, d\tau \quad (t=-\tau)$$
$$= \frac{1}{\pi}\int_0^\pi f(t)\sin nt\, dt + \frac{1}{\pi}\int_{-\pi}^0 f(t)\sin nt\, dt$$

すなわち

$$b_n = \frac{1}{\pi}\int_{-\pi}^\pi f(t)\sin nt\, dt \tag{C.35}$$

となり，同様に式 (C.31) は

$$a_n = \frac{1}{\pi}\int_{-\pi}^\pi f(t)\cos nt\, dt \tag{C.36}$$

となります．したがって任意の関数 $f(x)$ は区間 $[-\pi,\pi]$ において

$$f(x) = \frac{a_0}{2} + \sum_{n=1}^\infty (a_n\cos nx + b_n\sin nx) \tag{C.37}$$

の形に展開されます．これを $f(x)$ の**フーリエ展開**（**フーリエ級数**）とよびます．展開係数 a_n, b_n は**フーリエ係数**とよばれ，式 (C.36), (C.35) で計算されます．

なお，式 (C.37) で $f(x)$ が偶関数ならば式 (C.35) から b_n は 0 となり，$f(x)$ が奇関数ならば，式 (C.36) から a_n は 0 になります．すなわち，式 (C.37) はフーリエ余弦展開やフーリエ正弦展開を特殊の場合として含んでいます．

略　　解

第 1 章

問 **1.1** $n(t) = n_0 e^{at}$

問 **1.2** $n(t) = \dfrac{an_0}{bn_0 + (a - bn_0)e^{-at}}$

問 **1.3** (1) $y = \log|x| + C$ 　　(2) $y = -\cos x + C_1 x + C_2$

問 **1.4** (1) $2xy' = y$ 　　(2) $y'' - y' - 2y = 0$

演習問題

1 (1)〜(3) 略

(4) $u_x = -\dfrac{x}{2}t^{-3/2}e^{-x^2/(4t)},\ u_{xx} = \left(-\dfrac{1}{2}t^{-3/2} + \dfrac{x^2}{4}t^{-5/2}\right)e^{-x^2/(4t)} = u_t$

2 (1) $y' = -\sin(x+C)$ ともとの式から $(y')^2 + y^2 = 1$.

(2) $y' = \dfrac{A}{x} + 1$ から A を求め，もとの式に代入して整理すると

$y' - \dfrac{y}{x\log x} + \dfrac{1}{\log x} - 1 = 0$.

(3) $y' = A - 2Bx^{-3},\ y'' = 6Bx^{-4}$ から A, B を求めもとの式に代入すれば
$x^2 y'' + 2xy' - 2y = 0$.

(4) $y' = A\cos(x+B)$ ともとの式から $(y')^2 + y^2 = A^2$, もう 1 度微分して $y'' + y = 0$.

3 (1) 　　　　　　　　　　　(2)

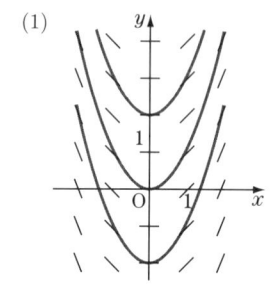

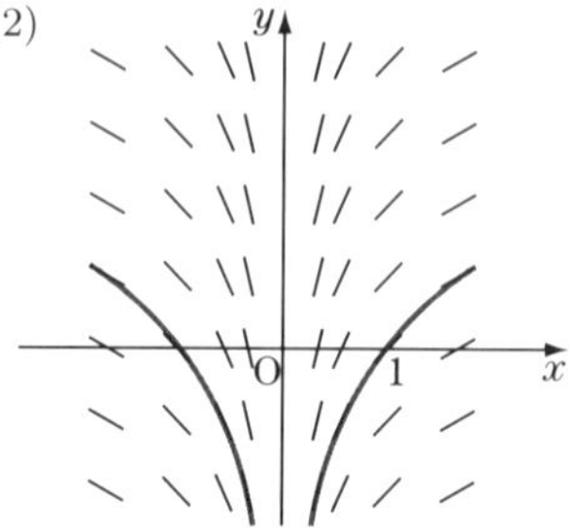

4 時刻 0 の関数を $F(x)$ とすれば $f(x,0) = F(x)$ であり，さらに時刻 t の関数は $f(x,t) = F(x-ct)$ になります（$F(x-ct)$ は $F(x)$ を右に ct 平行移動した関数）．$x - ct = s$ とおいて $f(x,t)$ を x で偏微分すれば $f_x = \dfrac{dF}{ds}\dfrac{\partial s}{\partial x} = \dfrac{dF}{ds}$. $f(x,t)$ を t で偏微分すれば $f_t = \dfrac{dF}{ds}\dfrac{\partial s}{\partial t} = -c\dfrac{dF}{ds}$. したがって $\dfrac{dF}{ds}$ を消去すれば $f_t + cf_x = 0$.

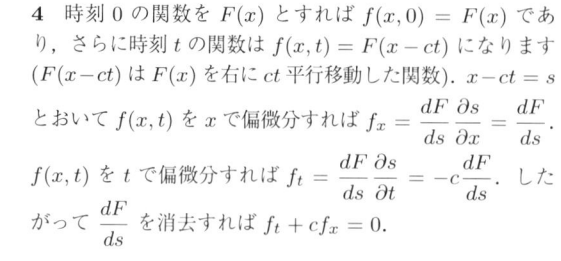

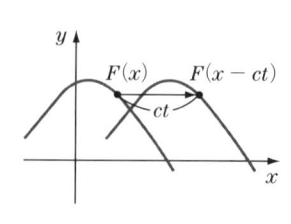

第 2 章

問 2.1 (1) $y = x^4 - x^2 + C$ (2) $y = \dfrac{x^2}{2} \log x - \dfrac{x^2}{4} + C$

(3) $y = \dfrac{1}{12} \log \dfrac{2x-3}{2x+3} + C$

問 2.2 (1) $y = Ce^x$ (2) $y = Ce^{-2\sin x}$

(3) $y = \tan\left(\dfrac{x^2}{2} + C\right)$

問 2.3 (1) $y = x(\log|x| + C)$ (2) $x + y = C(x-y)^3$

問 2.4 (1) $x^2 - 4xy - y^2 + 2x + 6y = C$ (2) $(x-y)^2 - 2x + 8y = C$

問 2.5 略

問 2.6 (1) $y = Ce^{-x} + x - 1$ (2) $y = Ce^{-x^2} + \dfrac{5}{2}$

問 2.7 $y = \dfrac{3x^2}{3C - x^3}$

演習問題

1 (1) $\dfrac{dy}{y} = \dfrac{x}{x+1} dx = \left(1 - \dfrac{1}{x+1}\right) dx$, 積分して $\log|y| = x - \log|x+1| + C_1$ より $y = \dfrac{Ce^x}{x+1}$.

(2) $e^y dy = e^{x-1} dx$, 積分して $e^y = e^{x-1} + C_1$ より $y = \log(e^{x-1} + C)$.

(3) $\dfrac{2dy}{1-y^2} = \dfrac{dx}{x}$ より $\left(\dfrac{1}{1-y} + \dfrac{1}{1+y}\right) dy = \dfrac{dx}{x}$, 積分して $\log\left|\dfrac{1+y}{1-y}\right| = \log|x| + C_1$ より $y = \dfrac{Cx-1}{Cx+1}$.

(4) $\dfrac{dy}{dx} = \dfrac{1}{x^2 - x} = -\dfrac{1}{x} + \dfrac{1}{x-1}$, 積分して $y = -\log|x| + \log|x-1| + C$ より $y = \log\left|1 - \dfrac{1}{x}\right| + C$.

2 (1) $y = ux$ とおくと $u' = -\dfrac{1}{x}$ したがって $y = x(C - \log|x|)$.

(2) $\dfrac{dy}{dx} - \dfrac{y}{x} = \sqrt{1 - \left(\dfrac{y}{x}\right)^2}$ に対して $y = ux$ とおくと $\dfrac{du}{\sqrt{1-u^2}} = \dfrac{dx}{x}$ したがって $\sin^{-1} u = \log|x| + C$. $y = x\sin(\log|x| + C)$

(3) $x = X - \dfrac{5}{17}, y = Y - \dfrac{1}{17}$ とおくと $\dfrac{dY}{dX} = \dfrac{4X - 3Y}{3X + 2Y}$ より $Y = uX$ とおいて解くと $2X^2 - 3XY - Y^2 = C$ したがって $2x^2 - 3xy - y^2 + x - y = C$

(4) $x - 4y = u$ とおくと $\left(\dfrac{1}{3u+2}\right) du = \left(\dfrac{1}{3} - \dfrac{2}{3}\dfrac{1}{3u+2}\right) du = -dx$, 積分して $\dfrac{u}{3} - \dfrac{2}{9} \log|3u+2| = -x + C$. したがって $\dfrac{4}{3}(x-y) - \dfrac{2}{9} \log|3(x-4y) + 2| = C$.

3 (1) $y' + y\sin x = 0$ から $y = Ae^{\cos x}$. もとの式に代入して $A' = \sin x \cos x e^{-\cos x}$ より $A = (\cos x + 1)e^{-\cos x} + C$ したがって $y = Ce^{\cos x} + \cos x + 1$.

(2) 同次方程式の解 $y = Ae^{2x}$, $A' = x^2 e^{-2x}$ したがって $y = Ce^{2x} - \dfrac{1}{2}\left(x^2 + x + \dfrac{1}{2}\right)$.

(3) 同次方程式の解 $y = Ae^{-x}$, $A' = e^x \cos x$ したがって $y = Ce^{-x} + \dfrac{1}{2}(\sin x + \cos x)$.

(4) $z = y^{1-3} = y^{-2}$ とおくと $\dfrac{dz}{dx} + \dfrac{2z}{x} = -2x^2$ 対応する同次方程式の解は $z = \dfrac{A}{x^2}$, $A' = -2x^4$ したがって $z = \dfrac{1}{y^2} = \dfrac{1}{x^2}\left(C - \dfrac{2}{5}x^5\right)$ ゆえに $y^2 = \dfrac{5x^2}{5C - 2x^5}$.

(5) $z = y^{1-3} = y^{-2}$ とおくと $\dfrac{dz}{dx} + 2z\sec x = -\tan x$. 対応する同次方程式の解 $z = \dfrac{A(1-\sin x)}{1 + \sin x}$ より $A' = \dfrac{-(1+\sin x)\sin x}{(1-\sin x)\cos x} = \dfrac{-(1+\sin x)\sin x\cos x}{(1-\sin x)(1-\sin^2 x)}$. $\sin x = t$ とおいて積分して $A = -\dfrac{1}{1-t} - \log(1-t) + C = -\dfrac{1}{1-\sin x} - \log(1-\sin x) + C$ したがって $\dfrac{1}{y^2} = -\dfrac{1 + (1-\sin x)(\log(1-\sin x) + C)}{1 - \sin x}$.

4 $y = u + \dfrac{1}{x}$ とおくと $\dfrac{du}{dx} - \dfrac{2u}{x} = u^2$. $u = \dfrac{1}{z}$ とおくと $\dfrac{dz}{dx} + \dfrac{2z}{x} = -1$. これを解いて $z = -\dfrac{x}{3} + \dfrac{C}{x^2} = \dfrac{3C - x^3}{3x^2}$ したがって $y = \dfrac{3x^2}{3C - x^3} + \dfrac{1}{x} = \dfrac{3C + 2x^3}{3Cx - x^4}$.

第 3 章

問 **3.1** 略

問 **3.2** (1) $-2x^2 + xy + y^2 = C$ (2) $\dfrac{x^2}{2} - 2xy - \dfrac{1}{y} = C$

問 **3.3** $y = Cx$

問 **3.4** 略

問 **3.5** 積分因子:$\lambda = \dfrac{1}{y^2}$, 解:$\dfrac{x}{y} - \log|y| = C$

問 **3.6** (1) $\dfrac{x+y}{x-y} + y^2 = C$ (2) $3x^2 + 2xy + 3y^2 = C$

問 **3.7** (1) $x = \dfrac{y^2}{4} + Cy + C^2$

(2) $x = \log|p| - 2p + C$, $y = p - p^2$ (p:パラメータ)

問 **3.8** (1) $y = Cx - \dfrac{4}{C}$, $y^2 = -16x$ (2) $y = Cx - \log C$, $y = \log|x| + 1$

問 **3.9** $x = 2(p-1) + Ce^{-p}$, $y = x(1+p) - p^2$ (p:パラメータ)

演習問題

1 (1) 与式 $= -5xdx + 2(ydx + xdy) + 3ydy = d\left(-\dfrac{5}{2}x^2\right) + d(2xy) + d\left(\dfrac{3}{2}y^2\right) = 0$ したがって $-5x^2 + 4xy + 3y^2 = C$.

(2) $\dfrac{\partial F}{\partial x} = -x^2 + y^2$ より $F = -\dfrac{x^3}{3} + xy^2 + f(y)$ したがって $F_y = 2xy + f'(y) = 2xy + y^2$. $f(y) = \dfrac{y^3}{3} + A$ となるため $-x^3 + 3xy^2 + y^3 = C$.

(3) $F_x = \dfrac{2x}{y}$ より $F = \dfrac{x^2}{y} + f(y)$, $F_y = -\dfrac{x^2}{y^2} + f'(y) = -1 - \dfrac{x^2}{y^2}$ したがって $f(y) = -y + A$ ゆえに $\dfrac{x^2}{y} - y = C$ または $x^2 - y^2 = Cy$.

(4) $P_y = Q_x$ より完全形. $F_x = \sin y + y\cos x$ より $F = x\sin y + y\sin x + f(y)$. したがって $F_y = x\cos y + \sin x + f' = \sin x + x\cos y$ より $f = \widetilde{C}$ ゆえに $x\sin y + y\sin x = C$.

2 (1) $\dfrac{1}{Q}\left(\dfrac{\partial P}{\partial y} - \dfrac{\partial Q}{\partial x}\right) = \dfrac{3}{2x}$ より $\lambda(x) = x^{3/2}$ が積分因子. $5x^{3/2}ydx + 2x^{5/2}dy = 0$. $F_x = 5x^{3/2}y$, $F = 2x^{5/2}y + f(y)$, $F_y = 2x^{5/2} + f'(y) = 2x^{5/2}$ したがって $f(y) = A$. ゆえに $x^5y^2 = C$.

(2) $P = 2x^2 - 3xy$, $Q = -x^2$ より $\dfrac{1}{Q}\left(\dfrac{\partial P}{\partial y} - \dfrac{\partial Q}{\partial x}\right) = \dfrac{1}{x}$. よって積分因子は $\lambda(x) = e^{\int \frac{1}{x}dx} = x$. したがって $(2x^3 - 3x^2y)dx - x^3dy = 0$ ゆえに $\dfrac{x^4}{2} - x^3y = C$.

(3) $\dfrac{1}{P}\left(\dfrac{\partial P}{\partial y} - \dfrac{\partial Q}{\partial x}\right) = \dfrac{2}{y}$ より $\lambda(y) = \dfrac{1}{y^2}$ が積分因子. $\dfrac{1}{y^2}(ydx - xdy) + \cos ydy = d\left(\dfrac{x}{y}\right) + d(\sin y) = 0$ したがって $x + y\sin y = Cy$.

(4) $ydx + xdy + x^2y^2\left(-\dfrac{dx}{x} + \dfrac{dy}{y}\right) = d(xy) + x^2y^2(-d\log|x| + d\log|y|)$ と変形して x^2y^2 で割ると $\dfrac{d(xy)}{x^2y^2} + d\log\left|\dfrac{y}{x}\right| = d\left(-\dfrac{1}{xy}\right) + d\log\left|\dfrac{y}{x}\right| = 0$ (なぜなら $xy = z$ とおけば $\dfrac{dz}{z^2} = d\left(-\dfrac{1}{z}\right)$) したがって $\log\left|\dfrac{y}{x}\right| = \dfrac{1}{xy} + C$.

3 (1) x で微分して $p'(x - p^2) = 0$. $p' = 0$ の場合 $p = C$ (C : 定数) より $y = Cx - \dfrac{C^3}{3}$ (一般解). $x = p^2$ の場合, $y^2 = p^2\left(x - \dfrac{p^2}{3}\right)^2$ より $y^2 = \dfrac{4}{9}x^3$ (特異解).

(2) x で微分して $\dfrac{dp}{dx}(2xp - 1) = p - p^2$ より $\dfrac{dx}{dp} - \dfrac{2}{1-p}x = -\dfrac{1}{p-p^2}$ これを解いて $x = \dfrac{1}{(1-p)^2}(C - \log p + p)$ (C : 定数). したがって $x = \dfrac{C - \log p + p}{(1-p)^2}$, $y = xp^2 - p$. ただし p はパラメータ.

(3) x で微分して $p = p + xp' - p'\sin p$, すなわち $(x - \sin p)p' = 0$. $p' = 0$ のとき $p = C$ より $y = Cx + \cos C$ (C : 定数). $x = \sin p$ のとき $p = \sin^{-1}x$ より $y = x\sin^{-1}x + \sqrt{1 - x^2}$.

(4) x で微分して $\dfrac{dx}{dp} - x = p$. これを解いて $x = -p - 1 + Ce^p$ (C : 定数), $y = x(p-1) + \dfrac{1}{2}p^2$. ただし p はパラメータ.

4 (1) $(xp+6y)(xp+y)=0$ より $y=\dfrac{C_1}{x^6}, y=\dfrac{C_2}{x}$. したがって $\left(y-\dfrac{C_1}{x^6}\right)\left(y-\dfrac{C_2}{x}\right)=0$.

(2) $p(p+x)(p-y)=0$ より $y=C_1, y=-\dfrac{x^2}{2}+C_2, y=C_3 e^x$.
したがって $(y-C_1)\left(y+\dfrac{x^2}{2}-C_2\right)(y-C_3 e^x)=0$.

第 4 章

問 **4.1** (1) $y=\dfrac{x^3}{6}+\dfrac{x^2}{2}+C_1 x+C_2$　　(2) $y=x\log|x|+C_1 x+C_2$

問 **4.2** $(C_1 x-C_2)^2+1=C_1 y^2$

問 **4.3** (1) $y=C_1+C_2 e^{-x}$　　(2) $y=\log|C_1 x+C_2|$

問 **4.4** (1) $y=C_1+C_2 e^{-x}+x^2-2x$　　(2) $y=\dfrac{1}{2}x^2+C_1\log|x|+C_2$

問 **4.5** (1) $y^2=x^2+C_1 x+C_2$　　(2) $y=C_1 e^{C_2 x}$

問 **4.6** 略

問 **4.7** (1) $y=C_1 e^{4x}+C_2 e^{-3x}$　　(2) $y=(C_1+C_2 x)e^{4x}$

(3) $y=e^{-3x}(C_1\cos x+C_2\sin x)$

問 **4.8** (1) $y=C_1 e^x+C_2 e^{-2x}+x-1$

(2) $y=C_1 e^{\sqrt{3}\,x}+C_2 e^{-\sqrt{3}\,x}-\dfrac{1}{4}e^{2x}\cos x$

演習問題

1 (1) $p=\dfrac{dy}{dx}$ とおくと $yp\dfrac{dp}{dy}=4-p^2$ より $\dfrac{dy}{y}=\dfrac{pdp}{4-p^2}$ 積分して $4-p^2=\dfrac{C_1}{y^2}$.
$\dfrac{dx}{dy}=\dfrac{1}{p}=\pm\dfrac{y}{\sqrt{4y^2-C_1}}$ より $x=\pm\dfrac{1}{4}\sqrt{4y^2-C_1}+\dfrac{C_2}{4}$
したがって $(4x-C_2)^2=4y^2-C_1$.

(2) $p=\dfrac{dy}{dx}$ とおくと $\dfrac{dp}{1+p^2}=-dx$ となり, $p=-\tan(x-C_1)$.
したがって $y=\log|\cos(x-C_1)|+C_2$.

(3) $p=\dfrac{dy}{dx}$ とおくと $\dfrac{dp}{1+p^2}=\dfrac{dx}{1+x^2}$ より $\tan^{-1}p=\tan^{-1}x+A$. すなわち
$p=\dfrac{x+B}{1-Bx}$ $(B=\tan A)$. $\dfrac{dy}{dx}=-\dfrac{1}{B}+\left(B+\dfrac{1}{B}\right)\dfrac{1}{1-Bx}$ を積分して
$y=C_1 x-(C_1^2+1)\log\left|1+\dfrac{x}{C_1}\right|+C_2$ $\left(C_1=-\dfrac{1}{B}\right)$.

(4) $p=\dfrac{dy}{dx}$ とおくと $\dfrac{dx}{x}=\dfrac{2pdp}{p^2-1}$ より $x=\dfrac{1}{C_1}(p^2-1)$. $p=\pm\sqrt{C_1 x+1}$ より
$y=\pm\dfrac{2}{3C_1}(1+C_1 x)^{3/2}+C_2$.

(5) $p=\dfrac{dy}{dx}$ とおくと $\dfrac{d^2 y}{dx^2}=p\dfrac{dp}{dy}$ となるので, $p=0$ または $\dfrac{dp}{p}=\dfrac{ydy}{y^2-4}$.
$y=C_0$ または $p=C_1\sqrt{y^2-4}$, あとの式から $\log\left|y+\sqrt{y^2-4}\right|=C_1 x+C_3$.

整理して $y = C_2 e^{C_1 x} + \dfrac{1}{C_2} e^{-C_1 x}$.

(6) $p = \dfrac{dy}{dx}$ とおくと $p' + (1+p^2)^{3/2} = 0$ (変数分離形). 積分して

$p = y' = \dfrac{C_1 - x}{\sqrt{1 - (C_1 - x)^2}}$ ($p = \tan\theta$ とおく) もう 1 度積分して

$y = \sqrt{1 - (C_1 - x)^2} + C_2$. したがって $(x - C_1)^2 + (y - C_2)^2 = 1$.

2 (1) 特性方程式は $\lambda^2 - 7\lambda + 6 = (\lambda - 1)(\lambda - 6) = 0$ となり $y = C_1 e^x + C_2 e^{6x}$.

(2) 特性方程式は $(\lambda + 1)(\lambda + 2) = 0$ となり $y = C_1 e^{-x} + C_2 e^{-2x}$.
非同次方程式の特解は $y = axe^{-x}$ とおいて代入すると $a = 1$ となり,
$y = C_1 e^{-x} + C_2 e^{-2x} + xe^{-x}$.

(3) 特性方程式は $(\lambda - 1)^2 = 0$ なので同次方程式の一般解は $y = (C_1 + C_2 x)e^x$.
非同次方程式の特解は右辺を $2e^{ix}$ とした方程式に $y = ae^{ix}$ を代入して $a = i$,
$y = ie^{ix}$ の実部をとると特解として $y = -\sin x$ となる.
したがって $y = (C_1 + C_2 x)e^x - \sin x$.

(4) 特性方程式は $(\lambda+1)(\lambda-2) = 0$ となり同次方程式の一般解は $y = C_1 e^{-x} + C_2 e^{2x}$.
非同次方程式の特解として $y = ax^2 + bx + c$ を仮定して代入すると $a = -\dfrac{1}{2}, b = \dfrac{1}{2}$,
$c = -\dfrac{5}{4}$. したがって $y = C_1 e^{-x} + C_2 e^{2x} - \dfrac{1}{2}x^2 + \dfrac{1}{2}x - \dfrac{5}{4}$.

3 (1) $y = x^\lambda$ とおくと $(\lambda^2 - 1)x^\lambda = 0$ より $\lambda = \pm 1$ したがって $y = C_1 x + \dfrac{C_2}{x}$.

(2) $x = e^t$ とおくと $\dfrac{d^2 y}{dt^2} + 5\dfrac{dy}{dt} + 4y = e^{2t}$. 同次方程式の一般解は特性方程式が
$(\lambda + 4)(\lambda + 1) = 0$ なので $y = C_1 e^{-4t} + C_2 e^{-t}$.
非同次方程式の特解は $y = ae^{2t}$ とおいて $a = \dfrac{1}{18}$.
したがって $y = C_1 e^{-4t} + C_2 e^{-t} + \dfrac{1}{18} e^{2t} = \dfrac{C_1}{x^4} + \dfrac{C_2}{x} + \dfrac{x^2}{18}$.

第 5 章

問 5.1 $y = C_1 x^2 + C_2 x + \dfrac{x^3}{2}$

問 5.2 $y = C_1 x + C_2 e^x + x^2 + 1$

問 5.3 $y = x \log|x| + Cx$

問 5.4 (1) $y = a_0 \left(1 + x^2 + \dfrac{x^4}{2!} + \dfrac{x^6}{3!} + \cdots \right)$

(2) $y = a_0 \left(1 + \dfrac{x^2}{2!} + \dfrac{x^4}{4!} + \cdots \right) + a_1 \left(x + \dfrac{x^3}{3!} + \dfrac{x^5}{5!} + \cdots \right)$

問 5.5 $y = (1 + x + x^2 + \cdots)(C_0 + C_1 \log|x|) = \dfrac{1}{1-x}(C_0 + C_1 \log|x|)$

演習問題

1 (1) $y = ue^{2x}$ とおくと $xu'' + (2x-1)u' = 0$. $u' = p$ とおいて $\dfrac{dp}{p} = \left(-2 + \dfrac{1}{x}\right)dx$ より $p = C_3 x e^{-2x}$. したがって $u = C_3\left(-\dfrac{x}{2}e^{-2x} - \dfrac{1}{4}e^{-2x}\right) + C_2$ より $y = -C_1(2x+1) + C_2 e^{2x}$.

(2) $y = xu$ とおくと $x^3 u'' + 2x^3 u' = 0$. $u' = p$ とおいて $p' = -2p$. $p = C_3 e^{-2x}$ を積分して $u = -\dfrac{C_3}{2}e^{-2x} + C_2$. したがって $y = x(C_1 e^{-2x} + C_2)$.

2 (1) $y = Ae^x + Be^{3x}$ とおき, $A'e^x + B'e^{3x} = 0 \cdots$ ①
を仮定. このとき $y' = Ae^x + 3Be^{3x}$, $y'' = Ae^x + 9Be^{3x} + A'e^x + 3B'e^{3x}$ より
$y'' - 4y' + 3y = A'e^x + 3B'e^{3x} = 2e^{3x} \cdots$ ②
① と ② から $B' = 1$, $A' = -e^{2x}$. したがって $B = x + C_2$, $A = -\dfrac{1}{2}e^{2x} + C_1$ となるので $y = C_1 e^x + C_2 e^{3x} + \left(x - \dfrac{1}{2}\right)e^{3x}$.

(2) $y = Ae^x + Bx^2 e^x$ とおき $A'e^x + B'x^2 e^x = 0$ すなわち $A' + B'x^2 = 0 \cdots$ ①
を仮定. このとき $y' = Ae^x + B(x^2 + 2x)e^x$, $y'' = Ae^x + B(x^2 + 4x + 2)e^x + A'e^x + B'(x^2 + 2x)e^x$. y, y', y'' をもとの方程式に代入すれば
$(A' + B'(x^2 + 2x))xe^x = \dfrac{2e^x}{x}$ すなわち $A' + (x^2 + 2x)B' = \dfrac{2}{x^2} \cdots$ ②
① と ② より $B' = \dfrac{1}{x^3}$, $A' = -\dfrac{1}{x}$ となり, これを解いて $A = -\log|x| + C_3$,
$B = -\dfrac{1}{2}x^{-2} + C_2$. したがって $y = C_1 e^x + C_2 x^2 e^x - e^x \log|x|$ $\left(C_1 = C_3 - \dfrac{1}{2}\right)$.

3 (1) $y = \sum_{n=0}^{\infty} a_n x^n$ とおくと $y' = \sum_{n=0}^{\infty} a_{n+1}(n+1)x^n$, $xy = \sum_{n=1}^{\infty} a_{n-1}x^n$ と書けるため
与式 $= a_1 + (2a_2 - 8a_0)x + \sum_{n=2}^{\infty}\{(n+1)a_{n+1} - 8a_{n-1}\}x^n = 4x$ したがって
$a_1 = 0$, $2a_2 - 8a_0 = 4$ より $a_0 = \dfrac{a_2}{4} - \dfrac{1}{2}$, $a_{n+1} = \dfrac{8}{n+1}a_{n-1}$ $(n = 2, 3, \cdots)$.
$a_4 = \dfrac{8}{4}a_2$, $a_6 = \dfrac{8}{6}a_4 = \dfrac{8 \cdot 8}{4 \cdot 6}a_2$, $a_8 = \dfrac{8}{8}a_6 = \dfrac{8 \cdot 8 \cdot 8}{4 \cdot 6 \cdot 8}a_2, \cdots$,
また $a_1 = a_3 = \cdots = 0$.
$y = -\dfrac{1}{2} + \dfrac{a_2}{4} + \dfrac{4}{4}a_2 x^2 + \dfrac{4}{2}a_2 x^4 + \dfrac{4 \cdot 4}{2 \cdot 3}a_2 x^6 + \dfrac{4 \cdot 4 \cdot 4}{2 \cdot 3 \cdot 4}a_2 x^8 + \cdots$
$= -\dfrac{1}{2} + \dfrac{a_2}{4}\left(1 + (4x^2) + \dfrac{1}{2!}(4x^2)^2 + \dfrac{1}{3!}(4x^2)^3 + \cdots\right) = -\dfrac{1}{2} + \dfrac{a_2}{4}e^{4x^2}$

(2) $y = \sum_{n=0}^{\infty} a_n x^n$ とおくと
与式 $= \sum_{n=0}^{\infty} a_{n+2}(n+2)(n+1)x^n - \sum_{n=1}^{\infty} a_n n x^n + \sum_{n=0}^{\infty} a_n x^n$
$= \sum_{n=1}^{\infty}\{(n+2)(n+1)a_{n+2} - na_n + a_n\}x^n + a_2 \cdot 2 \cdot 1 + a_0 = 0$

これから $a_{n+2} = \dfrac{n-1}{(n+2)(n+1)} a_n$ $(n=1,2,\cdots)$, $a_3 = 0$ となるので

$a_3 = a_5 = \cdots = 0$. 一方, $a_2 = -\dfrac{1}{2\cdot 1} a_0$, $a_4 = \dfrac{1}{4\cdot 3} a_2 = -\dfrac{1}{4!} a_0$,

$a_6 = \dfrac{3}{6\cdot 5} a_4 = -\dfrac{3}{6!} a_0$, $a_8 = \dfrac{5}{8\cdot 7} a_6 = -\dfrac{3\cdot 5}{8!} a_0$ したがって

$y = a_1 x + a_0 \left(1 - \dfrac{1}{2!} x^2 - \dfrac{1}{4!} x^4 - \dfrac{3}{6!} x^6 - \dfrac{3\cdot 5}{8!} x^8 - \cdots \right)$

$= a_1 x + a_0 \left(1 - \dfrac{x^2}{2} - \displaystyle\sum_{n=2}^{\infty} \dfrac{1\cdot 3\cdot \cdots \cdot (2n-3)}{(2n)!} x^{2n} \right)$.

4 (1) $y = \displaystyle\sum_{n=0}^{\infty} a_n x^{n+\lambda}$ とおくと

$y' = \displaystyle\sum_{n=0}^{\infty} a_n(n+\lambda) x^{n+\lambda-1} = \sum_{n=0}^{\infty} a_{n+1}(n+\lambda+1) x^{n+\lambda} + a_0 \lambda x^{\lambda-1}$

$2xy'' = \displaystyle\sum_{n=0}^{\infty} 2a_n(n+\lambda)(n+\lambda-1) x^{n+\lambda-1}$

$= 2a_0\lambda(\lambda-1) x^{\lambda-1} + \displaystyle\sum_{n=0}^{\infty} 2a_{n+1}(n+\lambda+1)(n+\lambda) x^{n+\lambda}$

与式 $= a_0 \lambda(2\lambda+1) x^{\lambda-1}$

$\quad + \displaystyle\sum_{n=0}^{\infty} \{(n+\lambda+1)(2n+2\lambda+3) a_{n+1} + (n+\lambda+2) a_n\} x^{n+\lambda}$

$\lambda = -\dfrac{1}{2}$ のとき $a_{n+1} = -\dfrac{2n+3}{2(2n+1)(n+1)} a_n$ したがって

$a_n = \dfrac{(-1)^n}{2^n} \dfrac{(2n+1)}{n!} a_0$

$\lambda = 0$ のとき $a_{n+1} = -\dfrac{n+2}{(n+1)(2n+3)} a_n$ したがって

$a_n = (-1)^n \dfrac{n+1}{1\cdot 3\cdot 5\cdot \cdots \cdot (2n+1)} a_0$

ゆえに

$y = C_0 x^{-1/2} \displaystyle\sum_{n=0}^{\infty} \dfrac{(-1)^n}{n!} (2n+1) \left(\dfrac{x}{2}\right)^n + C_1 \sum_{n=0}^{\infty} \dfrac{(-1)^n (n+1)}{1\cdot 3\cdot 5\cdot \cdots \cdot (2n+1)} x^n$.

(2) $y = \displaystyle\sum_{n=0}^{\infty} a_n x^{n+\lambda}$ を代入して整理すれば次式になります.

与式 $= a_0 \lambda(\lambda+1) x^{\lambda-1}$

$\quad + \displaystyle\sum_{n=0}^{\infty} \Big[\{(n+\lambda+1)(n+\lambda) + 2(n+\lambda+1)\} a_{n+1} + (n+\lambda+1) a_n\Big] x^{n+\lambda}$

決定方程式の根は 0 と -1 で差は整数. $\lambda = 0$ とすれば $a_{n+1} = -\dfrac{a_n}{n+2}$ より

$a_1 = -\dfrac{a_0}{2}$, $a_2 = -\dfrac{a_1}{3} = \dfrac{a_0}{3\cdot 2}$, $\cdots$ となるため $y_1 = 1 - \dfrac{1}{2!} x + \dfrac{1}{3!} x^2 - \dfrac{1}{4!} x^3 + \cdots =$

$\dfrac{a_0}{x}(1-e^{-x})$ となります. もう 1 つの解は $y = \dfrac{1-e^{-x}}{x}u$ とおいてもとの方程式に代入すると $(1-e^{-x})u''+(1+e^{-x})u' = 0$ となり, これを解いて $u = C_1/(1-e^{-x})+C_2$. 以上のことから $y = \dfrac{C_1}{x} + \dfrac{C_2}{x}(1 - e^{-x})$.

5 式 (5.45) に式 (5.44) を代入すれば,

$$\frac{1}{(\alpha_0 x + \alpha_1 x^2 + \cdots)^2} = \frac{1}{(\alpha_0 x)^2} \frac{1}{\left\{1 + \left(\dfrac{\alpha_1}{\alpha_0}x + \cdots\right)\right\}^2}$$

$$= \frac{1}{(\alpha_0 x)^2} \left(1 - \left(\dfrac{\alpha_1}{\alpha_0}x + \cdots\right) + \cdots\right)^2$$

$$= \frac{1}{(\alpha_0 x)^2} (1 + \beta_1 x + \beta_2 x^2 + \cdots)$$

であるため,

$$u = \frac{A}{\alpha_0^2} y_1 \int \left(\frac{1}{x^2} + \frac{\beta_1}{x} + \beta_2 + \cdots \right) dx$$

$$= \frac{A}{\alpha_0^2} y_1 \left(-\frac{1}{x} + \beta_1 \log|x| + \beta_2 x + \cdots\right) = Cy_1 \log|x| + \sum_{n=0}^{\infty} b_n x^n$$

という形になります ($-1/x$ が消えているのは式 (5.40) の λ_2 は 0 であり, y_1 は x から始まるベキ級数であるためです).

第 6 章

問 **6.1** (1) $y = c_1 + c_2 e^{3x}$ (2) $y = (c_0 + c_1 x + c_2 x^2 + c_3 x^3)e^{-4x}$
(3) $y = (c_0 + c_1 x + c_2 x^2)e^{2x} \cos x + (d_0 + d_1 x + d_2 x^2)e^{2x} \sin x$

問 **6.2** (1) $-\dfrac{x}{2}\cos x + \dfrac{x+1}{2}\sin x$ (2) $\dfrac{-15x + 22}{125}\sin 2x - \dfrac{20x + 4}{125}\cos 2x$

問 **6.3** (1) $y = c_1 e^x + c_2 e^{6x} - \dfrac{1}{6}e^{3x}$ (2) $y = (c_1 + c_2 x)e^{3x} + \dfrac{x^2}{2}e^{3x}$

問 **6.4** (1) $y = c_1 e^x + c_2 e^{2x} - \dfrac{1}{2}(\sin x + \cos x)e^{2x}$

(2) $y = c_1 e^{2x}\cos x + c_2 e^{2x}\sin x + \dfrac{x}{2}e^{2x}\sin x$

問 **6.5** (1) $y = c_1 e^x - x^3 - 3x^2 - 6x - 6$

(2) $y = c_0 e^{-x} + e^{x/2}\left(c_1 \cos\dfrac{\sqrt{3}}{2}x + c_2 \sin\dfrac{\sqrt{3}}{2}x\right) + x^3 + x - 6$

(3) $y = c_0 + c_1 e^{-x} + c_2 e^{-2x} + \dfrac{x^4}{8} - \dfrac{3}{4}x^3 + \dfrac{21}{8}x^2 - \dfrac{45}{8}x$

問 **6.6** (1) $y = (c_1 + c_2 x)e^x + \dfrac{e^{3x}}{4}\left(x^3 - 3x^2 + \dfrac{9}{2}x - 3\right)$

(2) $y = c_1 e^x \cos x + c_2 e^x \sin x$
$\qquad + e^{2x}\left\{\left(\dfrac{x}{5} - \dfrac{2}{25}\right)\sin x + \left(-\dfrac{2}{5}x + \dfrac{14}{25}\right)\cos x\right\}$

問 6.7 (1) $y = c_1 e^{(5+\sqrt{5})x/2} + c_2 e^{(5-\sqrt{5})x/2}$

$$z = \frac{3-\sqrt{5}}{2} c_1 e^{(5+\sqrt{5})x/2} + \frac{3+\sqrt{5}}{2} c_2 e^{(5-\sqrt{5})x/2}$$

(2) $y = (c_1 + c_2 x)e^{2x} + 2e^x$, $z = 5e^x + (c_1 - c_2 + c_2 x)e^{2x}$

演習問題

1 (1) $(D-1)(D-6)y = 0$ より $y = c_1 e^x + c_2 e^{6x}$
 (2) $(D-2)^3 y = 0$ より $y = (c_1 + c_2 x + c_3 x^2)e^{2x}$
 (3) $D(D-1)(D-5)y = 0$ より $y = c_1 + c_2 e^x + c_3 e^{5x}$
 (4) $(D-(1+i))(D-(1-i))y = 0$ より $y = e^x(c_1 \cos x + c_2 \sin x)$

2 (1) 特解は $y = \dfrac{1}{D^2 + 3D + 2} e^{-4x} = \dfrac{1}{(-4)^2 + 3\times(-4) + 2} e^{-4x}$

したがって $y = c_1 e^{-x} + c_2 e^{-2x} + \dfrac{1}{6} e^{-4x}$.

(2) 特解は $y = \dfrac{1}{(D+2)(D+1)} e^{-x} = \dfrac{1}{(-1+2)(D+1)} e^{-x} = xe^{-x}$

したがって $y = c_1 e^{-x} + c_2 e^{-2x} + xe^{-x}$.

(3) 特解は $y = \dfrac{1}{(D-2)^2(D-1)} xe^{2x} = \dfrac{1}{(D-2)^2}\left(e^{2x}\dfrac{1}{D+2-1}x\right)$

$= \dfrac{1}{(D-2)^2}(x-1)e^{2x} = xe^{2x}\dfrac{1}{D^2}(x-1) = \left(\dfrac{x^3}{6} - \dfrac{x^2}{2}\right)e^{2x}$

したがって $y = c_1 e^x + (c_2 + c_3 x)e^{2x} + \left(\dfrac{x^3}{6} - \dfrac{x^2}{2}\right)e^{2x}$.

(4) 特解は $y = \dfrac{1}{D^2 - 3D + 2}(3 - 2x) = \dfrac{1}{2}\dfrac{1}{1-(3D-D^2)/2}(3-2x)$

$= \dfrac{1}{2}\left(1 + \dfrac{3}{2}D - \dfrac{D^2}{2} + \cdots\right)(3-2x) = \dfrac{1}{2}(3 - 2x - 3)$

したがって $y = c_1 e^x + c_2 e^{2x} - x$.

(5) 特解は $y = \dfrac{1}{(D+1)(D-2)^2} e^{-2x} = \dfrac{1}{(-2+1)(-2-2)^2} e^{-2x} = -\dfrac{e^{-2x}}{16}$

したがって $y = c_1 e^{-x} + (c_2 + c_3 x)e^{2x} - \dfrac{e^{-2x}}{16}$.

(6) 特解は $y = \dfrac{1}{(D+2)(D-2)} 4xe^{2x} = \dfrac{1}{D+2} 4e^{2x}\dfrac{1}{D}x = \dfrac{1}{D+2} 2x^2 e^{2x}$

$= 2e^{2x}\dfrac{1}{D+4} x^2 = \dfrac{e^{2x}}{2}\dfrac{1}{1+D/4} x^2$

$= \dfrac{e^{2x}}{2}\left(1 - \dfrac{D}{4} + \dfrac{D^2}{16} - \cdots\right) x^2$

$= e^{2x}\left(\dfrac{x^2}{2} - \dfrac{x}{4} + \dfrac{1}{16}\right)$

したがって $y = c_1 e^{-2x} + c_2 e^{2x} + \left(\dfrac{x^2}{2} - \dfrac{x}{4} + \dfrac{1}{16}\right)e^{2x}$.

3 (1) 第 2 式に $2(D+4)$ を，第 1 式に $(D-2)$ を作用させて引き算すれば
$\{4(D^2+6D+8)-(D^2-8D+12)\}y = 4\{(D+4)\cos 2x - (D-2)\sin 2x\}$
すなわち $(3D+2)(D+10)y = 8\cos 2x$. 特解は $y = \dfrac{1}{(3D+2)(D+10)}8e^{2ix} = \dfrac{8e^{2ix}}{(6i+2)(2i+10)}$ の実部で $y = \dfrac{1}{65}(\cos 2x + 8\sin 2x)$

したがって $y = c_1 e^{-(2/3)x} + c_2 e^{-10x} + \dfrac{1}{65}(\cos 2x + 8\sin 2x)$.

次に第 1 式から第 2 式の 2 倍を引けば $-(3D+14)y + 12z = 4(\sin 2x - \cos 2x)$ これに y の解を代入して
$z = c_1 e^{-(2/3)x} - \dfrac{4}{3}c_2 e^{-10x} + \dfrac{1}{130}(61\sin 2x - 33\cos 2x)$.

(2) 第 1 式に (D^2+16) 第 2 式に $6D$ を作用させて加えれば $(D^2+64)(D^2+4)y = 0$.
これから $y = c_1 \cos 8x + c_2 \sin 8x + c_3 \cos 2x + c_4 \sin 2x$.

次に第 1 式に D を作用させ，第 2 式を 6 倍して加えれば $(D^3+52D)y + 96z = 0$.
これに y の解を代入して $z = -c_1 \sin 8x + c_2 \cos 8x + c_3 \sin 2x - c_4 \cos 2x$.

付録 A

問 **A.1** $y = -\cos x + \dfrac{x^4}{24} + C_0 x^2 + C_1 x + C_2$

問 **A.2** $y = C_1 e^{x/2} + C_2 e^{-x/2} + C_3 x + C_4$

問 **A.3** $y = C_0 e^{2x} + C_1 x + C_2$

問 **A.4** $x = C_1 e^{-2y} + C_2$

問 **A.5** (1) $y = (C_1 + C_2 x)e^{2x}, \ z = (C_1 - C_2 + C_2 x)e^{2x}$

　　　　(2) $y = \dfrac{C_2}{x+C_1} - x, \ z = \dfrac{C_2}{x+C_1} + C_1$

問 **A.6** 略

問 **A.7** $\varphi(x^2 - y^2, x^2 - z^2) = 0$ 　(φ：任意関数)

問 **A.8** (1) $x^2 + y^2 + z^2 = C$ 　　　(2) $xyz = C$

問 **A.9** $z = x\sqrt{y^2 + C_1} + C_2$

付録 B

問 **B.1** (1) $e^{3t} + \dfrac{1}{2}e^{t/2}$ 　(2) $\dfrac{1}{96}t^3 e^{5t/2}$ 　(3) $e^t \sin t$

問 **B.2** (1) $x = \cos t$ 　(2) $(1+t)e^t$

問 **B.3** $x = \dfrac{3}{4} - 2e^{-3t} + \dfrac{5}{4}e^{-4t}, \ y = \dfrac{1}{4} + e^{-3t} - \dfrac{5}{4}e^{-4t}$

付録 C

問 **C.1** 略

索　引

あ　行

位置　4
1次元拡散方程式　164
1次元熱伝導方程式　164
1階線形微分方程式　30
1階微分方程式　8
一般解　9

演算子法　107

オイラーの公式　75
オイラーの微分方程式　82
オイラー法　17

か　行

解析的　97
確定特異点　97
加速度　4
関数行列式　91
完全解　150
完全微分方程式　41

記号法　107
逆演算子の性質　117
級数解法　92
求積法　12
境界条件　165

区分的に連続　152
クレローの微分方程式　57

決定方程式　99
高階微分方程式　132
広義積分　152
合成関数の微分法　141
コーシー–アダマールの公式　93
固有関数　167
固有値　167

さ　行

シャルピの解法　147
収束半径　93
常微分方程式　8
初期条件　165
初期値・境界値問題　165
初期値問題　159

図式解法　13

正規形　6
正則点　97
積の微分法　24
積分因子　48
積分可能条件　146
積分形　20
接線　12
接線の方程式　58
線形　6
全微分　40
全微分方程式　40, 145

索　引

増加率　2
速度　4

た　行

ダランベールの階数降下法　88
ダランベールの判定法　93
断熱条件　172

置換積分法　21
逐次近似法　15
直交性　169

通常点　97

定数係数 n 階線形微分方程式　108
定数係数線形連立微分方程式　126
定数係数 2 階線形同次微分方程式　73
定数係数 2 階線形微分方程式　78
定数変化法
　　1 階微分方程式の——　30
　　2 階微分方程式の——　90
テイラー展開　97

等傾線　12
同次関数　136
同次形　23
同次方程式　30
特異解　10
特異点　97
特殊解　9
特性方程式　73
特解　9

な　行

2 階線形微分方程式　86
2 階微分方程式　8, 64
ニュートンの運動方程式　4

任意関数　10
任意定数　3

は　行

非正規形　6
非正規形の 1 階微分方程式　54
非正規形の微分方程式　54
非線形　6
非同次方程式　78
微分演算子　106
微分方程式　2

フーリエ級数　175
フーリエ係数　175
フーリエ正弦級数　169
フーリエ正弦展開　169, 171
フーリエ展開　175
フーリエ余弦級数　174
フーリエ余弦展開　173
フックの法則　4
部分分数　157

ヘビサイドの展開定理　158
ベルヌーイの微分方程式　35
変数分離形　21
変数分離法　165, 172
偏微分方程式　7

包絡線　58
補助方程式　144

ま　行

マクローリン展開　16
マルサスの法則　2

無限級数　92

ら　行

ラグランジュの微分方程式　59
ラグランジュの偏微分方程式　143
ラプラス逆変換　156
ラプラス変換　152
リッカチの微分方程式　36

連立微分方程式　7, 140
ロピタルの定理　153
ロンスキアン　91

英　字

n 階微分方程式　6

著者略歴

河村 哲也 (かわむら てつや)

1980年 東京大学大学院工学系研究科修士課程修了
東京大学助手，鳥取大学助教授，千葉大学助教授・教授を経て，
1996年 お茶の水女子大学理学部情報科学科教授
現　在 お茶の水女子大学大学院
人間文化創成科学研究科教授
工学博士
専門：数値流体力学，数値シミュレーション，応用数学

主要著書

流体解析 I（朝倉書店，1996）
キーポイント偏微分方程式（岩波書店，1997）
応用偏微分方程式（共立出版，1998）
理工系の数学教室 1～5（朝倉書店，2003, 2004, 2005）
数値計算入門（サイエンス社，2006）
数値シミュレーション入門（サイエンス社，2006）
ナビゲーション微分積分（サイエンス社，2007）
非圧縮性流体解析（東京大学出版会，共著，1995）
環境流体シミュレーション（朝倉書店，共著，2001）

ライブラリ数学ナビゲーション-3
ナビゲーション 微分方程式

2007 年 9 月 25 日 © 　　　　初 版 発 行

著　者　河村哲也　　　　発行者　森平勇三
　　　　　　　　　　　　印刷者　山岡景仁
　　　　　　　　　　　　製本者　関川安博

発行所　　株式会社　サイエンス社

〒151-0051　東京都渋谷区千駄ヶ谷 1 丁目 3 番 25 号
営業 ☎ (03) 5474-8500（代）　FAX ☎ (03) 5474-8900
編集 ☎ (03) 5474-8600（代）　振替 00170-7-2387

印刷　三美印刷　　　　　　　製本　関川製本所

《検印省略》

本書の内容を無断で複写複製することは，著作者および
出版者の権利を侵害することがありますので，その場合
にはあらかじめ小社あて許諾をお求め下さい．

ISBN978-4-7819-1177-9
PRINTED IN JAPAN

サイエンス社のホームページのご案内
http://www.saiensu.co.jp
ご意見・ご要望は
rikei@saiensu.co.jp まで．

基本例解テキスト 微分方程式
寺田・坂田共著　２色刷・Ａ５・本体1450円

微分方程式の基礎
寺田文行著　Ａ５・本体1200円

微分方程式とその応用［新訂版］
竹之内脩著　Ａ５・本体1700円

微分方程式概説
岩崎・楳田共著　Ａ５・本体1600円

新版 微分方程式入門
古屋　茂著　Ａ５・本体1400円

演習微分方程式
寺田・坂田・斎藤共著　Ａ５・本体1700円

演習と応用 微分方程式
寺田・坂田・曽布川共著　２色刷・Ａ５・本体1800円

＊表示価格は全て税抜きです．

サイエンス社

2階微分方程式の解法

(1) 特殊な場合
 (ⅰ) $d^2y/dx^2 = f(x)$ (y と dy/dx を含まない)
  両辺を x で 2 回積分する
 (ⅱ) $d^2y/dx^2 = f(y)$ (x と dy/dx を含まない)
  両辺に $2\dfrac{dy}{dx}$ を掛けると $\left(\dfrac{dy}{dx}\right)^2 = 2\int f(y)dy + C$
 (ⅲ) $d^2y/dx^2 = f(dy/dx)$ (x と y を含まない)
  $p = \dfrac{dy}{dx}$ とおくと $\dfrac{dp}{dx} = f(p)$
 (ⅳ) $F(x, dy/dx, d^2y/dx^2) = 0$ (y を含まない)
  $p = \dfrac{dy}{dx}$ とおくと $F\left(x, p, \dfrac{dp}{dx}\right) = 0$
 (ⅴ) $F(y, dy/dx, d^2y/dx^2) = 0$ (x を含まない)
  $p = \dfrac{dy}{dx}$ とおくと $F\left(y, p, p\dfrac{dp}{dy}\right) = 0$

(2) 定数係数線形微分方程式
$$a\frac{d^2y}{dx^2} + b\frac{dy}{dx} + cy = f(x)$$

もとの方程式の特解を y_p, 同次方程式 ($f = 0$) の一般解を y_h とすればもとの方程式の一般解は $y = y_h + y_p$. y_h は特性方程式 $a\lambda^2 + b\lambda + c = 0$ の解に応じて次の (ⅰ)〜(ⅲ) の 3 通りに分けられる.
 (ⅰ) 2 実根 λ_1, λ_2 のとき:$y_h = C_1 e^{\lambda_1 x} + C_2 e^{\lambda_2 x}$
 (ⅱ) 共役複素根 $\alpha \pm i\beta$ のとき:$y_h = e^{\alpha x}(C_1 \cos\beta x + C_2 \sin\beta x)$
 (ⅲ) 重根 λ のとき:$y_h = (C_1 + C_2 x)e^{\lambda x}$

y_p は $f(x)$ の形によって適当な形に仮定して決める. たとえば
$$f(x) = (a_0 + a_1 x + \cdots + a_n x^n)e^{\gamma x} \quad (\gamma:複素数でもよい)$$
の場合には, 以下の①〜③のようにおいて方程式に代入して $b_0, \cdots, b_n$ (γ が複素数のときは $b_0, \cdots, b_n$ も複素数) を決める.
 ① γ が特性方程式の根と異なる:$y_p = (b_0 + b_1 x + \cdots + b_n x^n)e^{\gamma x}$
 ② γ が特性方程式の根 (重根でない) と一致:$y_p = x(b_0 + b_1 x + \cdots + b_n x^n)e^{\gamma x}$
 ③ γ が特性方程式の根 (重根) と一致:$y_p = x^2(b_0 + b_1 x + \cdots + b_n x^n)e^{\gamma x}$